洛克希德 SR-71 "黑鸟"
完全手册

LOCKHEED SR-71 BLACKBIRD OWNERS'WORKSHOP MANUAL

【英】史蒂夫·戴维斯　【英】保罗·克里克莫尔 著

陈超　尚琨　张正勇 主译

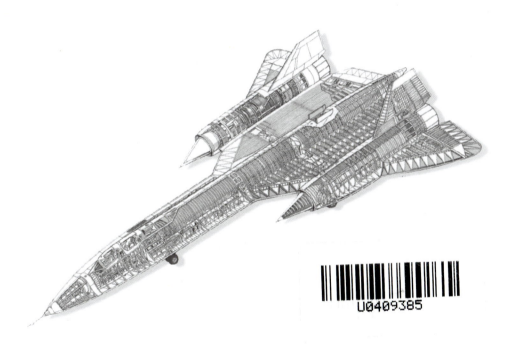

深度解析冷战时期美国绝密侦察机的设计、使用与维护

西北工业大学出版社

西　安

出版者：J. H. Haynes & Co. Limited
作品名：LOCKHEED SR-71 BLACKBIRD
　　　　OWNERS' WORKSHOP MANUAL
作者名：Steve Davies & Paul Crickmore
书　号：978-0-85733-156-4
Copyright © Steve Davies and Paul Crickmore 2012
Library of Congress control no. 2012933489
陕西省版权局著作权合同登记号：25-2020-049

图书在版编目（CIP）数据

洛克希德 SR-71"黑鸟"完全手册/（英）史蒂夫·戴维斯，（英）保罗·克里克莫尔著；陈超，尚琨，张正勇主译. —西安：西北工业大学出版社，2020.1（2023.2重印）
　ISBN 978-7-5612-6818-6

Ⅰ.①洛… Ⅱ.①史… ②保… ③陈… ④尚… ⑤张… Ⅲ.①侦察机-军事技术-手册 Ⅳ.①E926.36-62

中国版本图书馆 CIP 数据核字（2020）第 012476 号

LUOKEXIDE SR-71 "HEINIAO" WANQUAN SHOUCE
洛 克 希 德 S R - 7 1 " 黑 鸟 " 完 全 手 册

责任编辑：朱辰浩		策划编辑：杨　军	
责任校对：王　静		装帧设计：李　飞	

出版发行：西北工业大学出版社
通信地址：西安市友谊西路 127 号　　邮编：710072
电　　话：(029) 88491757，88493844
网　　址：www.nwpup.com
印 刷 者：西安市久盛印务有限责任公司
开　　本：720 mm×1 020 mm　　　1/16
印　　张：13.25
字　　数：224 千字
版　　次：2020 年 1 月第 1 版　　2023 年 2 月第 2 次印刷
定　　价：88.00 元

如有印装问题请与出版社联系调换

《洛克希德SR-71"黑鸟"完全手册》编译委员会

主　译　陈　超　尚　琨　张正勇
翻　译　沈玉芳　赵　磊　秦成军　胡加国　张宇杰
　　　　李富强　罗　娴　游文通　谢文婷　韩志敏

致　　谢

在此，谨向在本书创作中给予帮助的各位表示感谢：

SR-71飞行员瑞奇·格拉汉姆上校（退役），以及多年来为保罗·F.克里克莫尔提供大力支持的所有"大蛇"飞行员们，"黑鸟"机务卢·威廉姆斯和麦克·雷亚，SR-71生理保障处技术员凯文·斯维特柯斯。最后，还要感谢鲍勃·阿切尔和格雷格·戈贝尔提供的精彩图片。

此外，还要特别感谢SR-71地勤组长利兰·海恩斯军士长的遗孀——戴安娜·海恩斯夫人，海恩斯军士长同时也是精美的"SR-71 黑鸟"网站（www.wvi.com/~sr71webmaster/sr-71~1.htm）的拥有者。

史蒂夫·戴维斯
保罗·克里克莫尔

前　　言

洛克希德SR-71"黑鸟"及其前身A-12、F-12和M-21均诞生于冷战高潮时期。黑色的涂装以及高度机密的战略侦察与情报收集任务更是给这款传奇的3倍声速高空侦察机增添了一抹神秘的色彩。

半个多世纪以前，克拉伦斯·L.凯利·约翰逊带领洛克希德"臭鼬工厂"的工程师团队，仅用纸笔和尺子就创造出了线条圆滑且外形隐身的SR-71飞机，即便在今天想来仍然让人难以置信。40多年前，SR-71从纽约到伦敦以不到2 h的时间飞越了大西洋，创造的这一世界纪录至今都未被打破，也充分证明了"黑鸟"设计的先进性。

本书原著作者史蒂夫·戴维斯和保罗·克里克莫尔采访了拥有数百小时SR-71飞行经验的资深机组人员，还采访了经验丰富的SR-71飞机地勤人员，从设计、演化、使用和维护等多方面对这架卓尔不凡的飞机进行了独到解析。书中插入了大量过去未曾公开的高清照片和技术图解，对SR-71飞机的结构、机载系统及独特的普拉特·惠特尼J58发动机进行了史无前例的深度剖析。

以下是本书原著作者简介。

史蒂夫·戴维斯：军用航空及民用航空自由摄影记者和作家，出版过很多备受好评的书籍，并曾担任英国和美国多部军事航空电视纪录片的顾问。摄影作品多次被航空媒体、重要国防承包商及航空公司采用。

保罗·克里克莫尔：公认的SR-71飞机权威专家。此前出版过两本关于SR-71的书籍，广受好评。在担任空中交通管制员时，对绝密的"黑鸟"任务有深入了解和独到见地。曾为多份航空杂志撰写过很多文章，同时也是一名狂热的空中摄影师。

洛克希德SR-71"黑鸟"完全手册

  本书主译人员陈超、尚琨和张正勇是三位资深航空专家,翻译人员包括沈玉芳、赵磊、秦成军、胡加国、张宇杰、李富强、罗娴、游文通、谢文婷、韩志敏。感谢翻译团队的精诚合作、求真务实,完成了原版英文书籍的翻译工作,使本书尽可能准确、全面地反映原著的内容,向国内读者展示神秘的SR-71"黑鸟"飞机的前世今生。在翻译过程中既注重译著的专业性,也尽可能考虑了科普性,使它能够被更多的读者接受和喜爱。

  限于笔者水平有限,译作中难免有不妥之处,欢迎读者批评指正。

《洛克希德SR-71"黑鸟"完全手册》编译委员会
2019年9月

目　　录

引言 ··· 1

第 1 章　SR-71 的研制与改型 ·· 4
1.1　需求 ··· 5
1.2　飞行员的选拔与 51 区 ·· 11
1.3　"高级皇冠" ·· 22
1.4　项目终止 ··· 26

第 2 章　作战中的 SR-71 ··· 29
2.1　越南 ·· 30
2.2　朝鲜 ·· 36
2.3　两伊战争 ··· 38
2.4　特遣队的行动 ··· 38
2.5　也门 ·· 44

第 3 章　解析 SR-71 ·· 51
3.1　钛金属结构和机体 ··· 59
3.2　起落架、刹车和液压系统 ··· 63
3.3　隐身特性 ··· 67
3.4　燃油系统 ··· 70
3.5　大卫·克拉克公司的压力飞行服以及配套的增压系统 ············ 75
3.6　温度控制与环境控制系统 ··· 83
3.7　电气、通信与导航系统 ·· 85
3.8　飞控装置 ··· 89

	3.9	数字式自动飞行与进气道控制系统……	96
	3.10	传感器与载荷……	101

第4章 普拉特·惠特尼公司的J58-P4发动机与进气推进系统…… 116

  4.1 进气推进系统…… 123

  4.2 进气道中心锥和放气门的详细情况…… 130

第5章 飞行员的视角…… 132

  5.1 日本冲绳嘉手纳空军基地的第1特遣队…… 136

  5.2 从米尔登霍尔到摩尔曼斯克的一次飞行任务…… 138

第6章 地勤组长的视角…… 152

  6.1 维护概述…… 153

  6.2 起飞之前的24 h…… 154

  6.3 详细的维护程序…… 157

  6.4 无法避免的麻烦——漏油…… 160

  6.5 其他维护…… 164

  6.6 "别克"起动车…… 173

  6.7 飞机故障…… 176

附录…… 177

  附录Ⅰ "标签板"项目…… 177

  附录Ⅱ "黑鸟"创造的纪录…… 180

  附录Ⅲ 美国国家航空航天局的飞行项目…… 185

  附录Ⅳ "凯德洛克"项目…… 189

  附录Ⅴ "黑盾"行动…… 193

  附录Ⅵ SR-71与A-12的"归宿"…… 196

术语表…… 199

引　言

当海恩斯找到我们并询问是否有兴趣编写一本关于传奇的洛克希德SR-71"黑鸟"飞机的完全手册时，我们产生了极大的兴趣。尽管市面上已经有太多关于SR-71的图书，但这本书中将会涵盖一些以前从未详细披露过的信息和细节。同时，这本书还会首次讲述一些无名英雄——负责保障这件复杂、高要求的航空"杰作"的高水平维护人员所从事的具体工作。我们非常乐意地答应了海恩斯的请求，而您现在所看到的，就是我们的成果。

洛克希德SR-71及其前身A-12、F-12和M-21，应该是那个时代最为著名的喷气式飞机系列了。在"黑鸟"（即秘密项目）中孕育，在冷战高潮时诞生，黑色的涂装和绝密的战略侦察任务，这一切都为这架3倍声速的飞机增添了神秘的色彩。尽管所有这些神奇的飞机现在都已经进入了博物馆，但站在这些飞机的旁边，很难想象它们圆润的隐身外形是克拉伦斯·L."凯利"·约翰逊和他"臭鼬工厂"的工程师团队在20世纪50年代末60年代初用计算尺设计出来的！同时，这些飞机目前仍然保持着在40多年前所创造的跨大西洋飞行的世界纪录，在不到2 h的时间内从纽约飞到了伦敦，这在很大程度上也体现出了其设计的先进性。

作为背景介绍，本书开篇首先介绍研制这样一款飞机需求的历史情况，以及美国中央情报局（Central Intelligence Agency，CIA）的A-12和美国空军的SR-71在进入作战部署之前需要排除的各种障碍。之后，将介绍SR-71"大蛇"在美国空军近30年的服役期内所参与的一些重要作战任务的具体情况。

在后续章节中，本书非常详细地介绍了SR-71的结构、机载系统，以及无比强大的普拉特·惠特尼J58发动机。然后，经验丰富的瑞奇·格拉汉姆上校从飞行员的角度给出了他的看法。他曾是SR-71的飞行员、标准化主管、中队长，最终成为了唯一一个"黑鸟"飞行联队的联队长，他在SR-71上累计飞行了765 h。这一章的内容将读者直接带进了驾驶舱，清晰地描绘了驾驶这架标志性的"大马力改装车"的真实体验。

驾驶SR-71需要天赋和奉献,而为了保障这架飞机的正常飞行,美国空军最优秀的维护人员在完成他们的工作时也需要同样的天赋和奉献。在本书中,资深的SR-71维护人员首次详细介绍了"黑鸟"的独特之处。同时,为了便于理解,书中也给出了详尽的照片和技术原理图。

最后,本书的6份附录给出了"黑鸟"所涉及的其他项目的一些信息,并简要介绍了每一架"黑鸟"飞机的具体情况。

▲ SR-71需要熟练的维护人员来保障其飞行(TopFoto图片馆提供)。

引言

▲ 距离SR-71原型机首飞已经过去了50多年,而其独特的外形现在看来仍然颇具未来感(盖蒂图片社提供)。

第 1 章

SR-71 的研制与改型

　　SR-71 的"诞生"并不简单，沿着早期一系列姊妹项目的迂回之路，SR-71 来到了这个世界。"黑鸟"的起源绝对是一个有趣而又复杂的故事，涉及美国中央情报局和美国空军的需求、凯利·约翰逊令人惊叹的想象力以及他领导的洛克希德"臭鼬工厂"的工程师团队的智慧。

▲ 20 世纪 90 年代末被封存之前，美国国家航空航天局一直使用着这架编号为 61-17956（NASA 831）的 SR-71B 教练机（美国国家航空航天局提供）。

第1章
SR-71 的研制与改型

▲ 马夫湖,也称"水城带",这就是最初为人所知的"51区"。在被正式命名为U-2之前,原型机"天使"在此进行了3个月的试飞(洛克希德公司提供)。

1.1 需 求

1956年7月4日,洛克希德U-2(生产编号347。译注:后文简称347号机)完成了飞越苏联领空的首次飞行。这次由美国中央情报局飞行员赫维·斯托克曼从位于联邦德国的威斯巴登空军基地起飞完成的高空、不着陆往返飞行,共历时 8 h 45 min,飞机利用其携带的Itec B型高分辨率相机拍摄到了非常清晰的图像。然而,随着后续飞行任务的持续进行,很明显,这一款非常成功的亚声速平台迟早会遭到苏联不断发展的防空技术,特别是地对空导弹的拦截。

作为一个从不满足于现状的人,U-2背后的航空设计天才,同时也是洛克希德公司位于加利福尼亚州伯班克的绝密工厂(即"臭鼬工厂")的总裁,克拉伦斯·L."凯利"·约翰逊与电子以及其他专业的工程师团队着手开始了U-2后继机型的研制工作。他们开展了一系列的研究,以确定能否开发出一种仅会产生少量雷达回波的飞机外形,使飞机能够以较高的存活率飞越广阔的敌方领土,执行侦察或武器投放任务(这是首次在飞机的设计阶段考虑我们现在所说的"隐身"技术)。研究团队设想了各种概念方案,在洛克希德公司的消声实验室内对各种模型进行了测试,并获得了一定程度上的成功。但是,考虑到敌方雷达能力的未来发展,雷达天线、发射机和数据处理的能力都在以惊人的速度发展进步,即便缩减后的雷达散射截面积(Radar Cross Section, RCS)能够极大地降低飞机遭到拦截的可能,但仅仅依靠这一点,还不足以确保飞机的生存能力。

研究团队对完全的不可探测性和生存性概念进行了全面评估。同时,除了平台的雷达散射截面积之外,还对涉及凝结尾迹、声发射以及红外信号特征的其他数据进行了分析。再综合考虑航程、传感器性能或武器投放精度等其他要求,一项结论逐渐浮现出来:为了完全满足任务需求(即渗透、搜集数据或投放武器,并带着侦察数据成功脱离),平台必须具备其他两种能力——极高的飞行高度和极快的飞行速度。

毫不意外,作为洛克希德U-2客户的美国中央情报局也非常关注平台的中远期生存能力。中央情报总监(Director of Central Intelligence, DCI)理查德·比塞尔和计划与协调处特别助理艾伦·杜勒斯曾推动了一系列的研究项目,并交由美国中央情报局位于波士顿的下属机构——科学工程研究所(Scientific Engineering Institute, SEI)负责实施。科学工程研究所还对通过缩减雷达散射截面积来降低平台易受攻击性的各种方法进行了研究。这些所谓的"雷达伪装技术研究"项目旨在通过利用各种类型的涂料来削弱雷达回波信号,相关研究项目的代号为"彩虹计划"。很快,这些研究得出了与洛克希德公司相同的结论:要想在深入渗透"拒止区域"任务中降低被雷达探测的概率,飞机平台设计中必须同时采用雷达吸波材料(Radar Absorbent Materials, RAM)并具备在极高空以高超声速飞行的能力。

1957年8月,比塞尔收到了关于这些结论的汇报。不久之后,这些结论成为了美国中央情报局针对生产U-2后继机型的一项总体作战需求。该项目被赋予了"加斯托"的秘密代号,约翰·帕兰高斯基被美国中央情报局任命为负责该项目的项目经理。凯利·约翰逊和来自通用动力公司康威尔分部的罗伯特·威德默从帕兰高斯基的办公室获知了科学工程研究所得到的结论,但由于严格的保密限制,两人被要求在没有正式合同或政府资金的情况下提交设计概念。约翰逊和威德默均同意了这一要求,但前提条件是资金会在"合适的时候"到位。在接下来超过18月的时间里,洛克希德和通用动力对概念方案进行了开发和优化,而美国中央情报局没有为此支付任何费用。

比塞尔很清楚,"加斯托"对于两家参与公司而言都是高技术、高风险的项目,没有谁能够确保获得成功。鉴于此,随后必须由美国政府来承担几乎所有的责任,而这就意味着需要有一些高层官员参与到计划当中,以确保获得必要的秘密资金。因此,1957年11月19日,比塞尔就该计划向国防部副部长夸尔斯进行了汇报,而夸尔斯则认为还应将此继续上报给负责外国情报工作的总统顾问委员会。同时,比塞尔还成立了一个评估小组,并邀请埃德温·兰德("拍立得"相机的发明者)担任顾问委员会主席。

洛克希德"臭鼬工厂"的研制情况

由于U-2具有优异的高空能力,"臭鼬工厂"的工程师们将其称为"凯利的天使"。1958年4月21日,认识到先进的新飞机应继承这种高空能力之后,凯利在他的A-12日志/日记中写到:"我画出了第一个'大天使'方案的草图,这将是一架以3马赫(1马赫≈1 225 km/h)速度巡航、航程4 000 n mile(1 n mile=1.852 km)(约4 606 mile /7 412 km)、高度90 000~95 000 ft(1 ft=0.304 8 m)(约27 432~28 956 m)的飞机。"到1958年6月,研究结果显示,洛克希德的设计方案将采用普拉特·惠特尼公司的J58发动机提供动力。

▲ "臭鼬工厂"将美国中央情报局称为"一号客户",将美国空军称为"二号客户"。1957年3月,编号368/56-6701的U-2A样机交付至马夫湖。与美国空军所有早期的U-2一样,这架飞机在初期使用时也采用了天然金属色面漆和标准的标识(洛克希德公司提供)。

▲ 1957年10月，"大天使1"成为了"臭鼬工厂"多项高速侦察机研究中得出的首个方案，并最终由此确定了A-12的外形（洛克希德公司提供）。

▲ "臭鼬工厂"研制U-2替代机型时众多初步研究成果之一——"箭头1"（洛克希德公司提供）。

▲ "大天使Ⅱ"是一系列设计方案研究中的第二款方案，其特点是机翼中部安装了一对涡轮喷气发动机，而两侧翼尖各安装一台冲压喷气发动机（洛克希德公司提供）。

通用动力公司的研制情况

与"臭鼬工厂"的团队一样，由罗伯特·威德默和文森特·"温科"·多尔森带领的通用动力团队也在持续改进他们的"超高速飞机"设计。这一方案最初被称为"鱼"（注："第一架隐形超高速飞机"的英文缩写，即First Invisible Super Hustler，FISH），而经过一些重要的重新设计优化，该方案"变身"成了"国王鱼"。与竞争对手洛克希

▲ 相对于"臭鼬工厂"的设计方案，康威尔分部的竞争方案最初被称为"鱼"（注："第一架隐形超高速飞机"的英文缩写，即First Invisible Super Hustler，FISH）。初始设计方案的机体长48.8 ft（约14.88 m），高8.7 ft（约2.65 m），总质量35 000 lb（1 lb≈0.453 592 4 kg）（约15 890 kg），空重15 300 lb（约6 962 kg）（通用动力公司康威尔分部提供）。

德一样,该方案也采用两台普拉特·惠特尼J58发动机提供动力。

1958年11月25日,埃德温·兰德的评估小组对两家公司设计团队的研究方案进行了评审,并决定再给两个团队一年的时间,对各自的初始方案进行优化,以确定最终的飞机设计。得知这一决定后,根据进一步的评审意见,艾森豪威尔总统同意可以利用美国中央情报局的应急事件专项储备金为洛克希德公司或通用动力公司的3马赫侦察平台研制工作提供资金,就像U-2项目一样。负责使用新型高空飞机的部队将是第1149特勤中队。

接下来的12个月里,凯利和洛克希德公司的项目经理迪克·勃姆研究了至少10种主要设计方案,编号为A-3~A-12。其中的每一种方案,又在"母体设计"的基础上进一步细分了多种改型。1959年8月20日,洛克希德(A-12方案)和通用动力公司向国防部、美国空军和美国中央情报局联合组成的选型小组提交了各自最终的设计方案。有趣的是,这两种设

▲ 最初的方案中,"鱼"将由两台马夸特公司的MA24E冲压喷气发动机提供巡航动力,两台冲压喷气发动机之间还安装了一台供着陆时使用的普拉特·惠特尼JT12涡轮喷气发动机。之后,这一方案进行了重新设计,两台铰接的弹出式通用电气J58涡轮喷气发动机取代了原先的JT12。"鱼"方案为挂载发射式,由一架B-58B超声速轰炸机挂载携带至发射速度和高度(通用动力公司康威尔分部提供)。

▲ 康威尔分部未能成功地向美国空军销售其提出的B-58B超声速轰炸机方案,而"鱼"计划也因为失去了载机而随之下马。因此,康威尔分部将重点转向了设计自动力起飞的"国王鱼"(通用动力公司康威尔分部提供)。

▲ 一架倒置安装的"国王鱼"模型在51区的"雷达目标散射"(Radar Target Scatter, RatScat)试验场进行了一系列雷达散射截面积测试。尽管外形上与洛克希德的A-12方案有着显著差异,但"国王鱼"与A-12在设计性能上却非常接近——巡航速度3.2马赫,总航程4 000 n mile,末段巡航高度94 000 ft(约28 670 m),燃油质量62 000 lb(约28 148 kg)(通用动力公司康威尔分部提供)。

计方案尽管在外形上有着巨大的差别，在性能上却非常接近。

1959年8月29日，洛克希德公司接到了官方通告，A-12设计方案在竞争中胜出。6天后，洛克希德公司收到了一份价值450万美元、有效期为1959年9月1日—1960年1月1日的先期可行性研究合同。与此同时，"加斯托"项目就此终止，新项目的秘密代号为"牛车"。

▲ 在消声实验室中进行雷达截面积测试的A-10研究模型，其设计体现了A-12上典型的与边条融为一体的三角翼（洛克希德公司提供）。

▲ 拍摄于1960年的风洞试验，这架A-12模型上的大部分特征都用到了最终的设计方案中（洛克希德公司提供）。

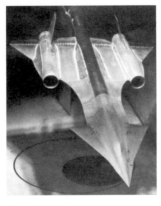

▲ 为了改善俯仰稳定性而采用的鸭翼，风洞试验的结果表明这一尝试是失败的（洛克希德公司提供）。

▲ 这架1∶8比例的A-12模型的机身边条上安装了雷达吸波蒙皮，用于开展一系列雷达散射截面积研究（洛克希德公司提供）。

洛克希德公司和美国中央情报局对于U-2易受攻击的担心很快就变成了"晴天霹雳"。1960年5月1日，在深入苏联境内执行高度机密的侦察任务（代号"大满贯"4154任务）时，美国中央情报局飞行员弗朗西斯·加里·鲍尔斯驾驶的U-2（编号360）被一枚SA-2地对空导弹（Surface-to-Air Missile，SAM）击落。历史证明，这一事件的政治影响对于"牛车"计划有着极其深远的意义，而由此带来的结果则是，A-12绝对不会被允许用于执行其最初设计的任务使命——在中国和苏联的禁止空域内搜集战略侦察信息。

1.2 飞行员的选拔与51区

1961年，五角大楼启动了参与作战飞行员的选拔程序。弗利金杰准将根据凯利·约翰逊和美国中央情报局代表们的建议起草了体格和经验上的选拔标准。很快，来自五角大楼特勤办公室的代表豪泽·威尔逊上校和美国空军驻美国中央情报局联络官杰克·莱德福准将（之后由保罗·巴卡利准将接任）参与到了选拔工作当中。参选的飞行员需要具备驾驶最新型高性能飞机的资格、熟练掌握空中加油技术、性格沉稳、已婚以及最重要的品质——干劲十足。除此以外，参选人员的年龄要在25~40岁之间，体重低于175 lb，身高低于6 ft。通过初选后的飞行员们，在华盛顿的几家宾馆内进行了为期一周的心理评估。然后，又在新墨西哥州阿尔伯克基的拉芙莱斯医院接受了全面的体检。这些极为苛刻的测试也就是之后人们所说的"宇航员体检"。

成功通过选拔后，11名候选飞行员来到了位于马萨诸塞州伍斯特的大卫·克拉克公司，这里为每个人定制了S-901全压飞行服。这些飞行服与"水星"和"双子座"航天飞机的宇航员所穿着的飞行服基本一样，在高空紧急情况下与其具有相同的生命保障功能。

"牛车"项目的试飞工作几乎必然会在51区进行，也就是之前U-2测试项目时人们所说的"水城带"。这个坐落于拉斯维加斯西北约100 mile（1 mile≈1.609 344 km）（约160 km）处的试验场，拥有面积广阔的干湖床，地理位置偏远，而且全年都有理想的气象条件。U-2项目从此撤出后，这里多少显得有些荒芜，但1960年9月，一切都发生了改变。在接下来的4年中，大批的工人将这里变成了能够为世界上最复杂的飞机提供保障的基地。原来5 000 ft（约1 525 m）的跑道延长到了12 000 ft（约3 660 m）。经过加固的水泥跑道铺设在湖床上，并向临近的陆地延伸出了8 000 ft（约2 440 m）。同时，跑道两端还各有1 000 ft（约300 m）的标准保险道。此外，试验场还新建了厂房、机库、宿舍、食堂、燃油库、空管塔台和飞行员设施。罗伯特·霍布里上校被任命为基地司令，道格·尼尔森上校任飞行作战主任（Director of Flight Operations, DO）。1962年春，8架F-101"巫毒"战斗机飞抵基地，主要用作"牛车"飞行员的伴随机。为了保障A-12的试飞,51区附近设置了极其广阔的空域,其面积相当于一个英格兰。美国联邦航空管理局(Federal Aviation Administration,FAA)将这一空域命名为"圣诞季"特种作战区(Special Operations Area,SOA),其高度从平均海拔之上(Above Mean Sea Level,AMSL)24 000 ft(约7 320 m)一直延伸至60 000 ft(约18 300 m)。

与此同时,回到伯班克,事情的进展并不顺利。在经过多次延迟之后,1961年5月将1号机交付给试验场的计划最终被证明仍然过于乐观,并再次推后到了1961年夏季末。钛金属采购和加工的问题,以及发动机制造商普拉特·惠特尼公司所遇到的困难,迫使凯利致信美国中央情报局官员,说明目前的进度极有可能还要再推后3~4个月。不出所料,比塞尔的回复非常简略,他在便函的最后一句写到:"我相信,如果伯班克没有发生大地震的话,这种令人失望的情况应该是最后一次了。"

尽管面临着一些制造上的

▲ 这是哪个空军基地?51区,这一切发生的地方(美国中央情报局提供)。

▲ "牛车"项目期间的51区。注意图中前方的机库(美国中央情报局提供)。

问题，"牛车"的各项准备工作仍然在全球各地持续推进。加利福尼亚、阿拉斯加、格陵兰岛、冲绳、土耳其的美国空军基地都修建了大容量的油库，在全世界范围内为A-12储存专用燃油，为作战飞行做好准备。此外，位于阿肯色州和佛罗里达州的基地也新建了燃油储存设施，以便为洲际飞行训练提供保障。驻扎在加利福尼亚州比尔空军基地的903空中加油中队将负责为"牛车"提供空中加油保障。该中队装备了经过改装的KC-135Q加油机，其独立的"干净"油箱和管路系统能够将加油机本机的JP4燃油与A-12的燃油隔离开来。这些加油机还配备了专用的ARC-50测距无线电，以便进行精准的远距高速对接。

1962年1月和2月，1号机（生产编号121，美国空军序列号60-6924）终于成功完成了最后的检查。机体被分解后装上了专门定制的拖车，于1962年2月26日运抵51区。在沙漠中的新家，1号机重新进行了组装。而此时，再一次出现了延误，在准备进行首飞时，飞机的油箱漏出了大量燃油。事后调查显示，专门设计的密封胶未能在油箱与飞机金属蒙皮间的表面上牢固黏合。维护人员清除掉了存在问题的密封胶，并暂时用一种新的材料更换了油箱的内衬层。然而，油箱密封胶的问题，最终成为了所有改型的飞机在整个服役期内始终存在的问题。

成功完成了一系列的低速和中速滑跑试验后，按照计划，洛克希德公司的项目首席试飞员卢·沙尔克将在1962年4月24日驾驶121号机进行一次高速测试。按照测试卡的要求，重点是在干湖床上对飞机短时离地然后着陆滑跑的情况进行评估。在A-12的首次"起跳"中，飞机上并没有安装增稳系统（Stability Augmentation System，SAS）——按照计划，增稳系统将在飞行中进行全面测试。然而，根据卢·沙尔克的回忆，飞机刚一离地，情况就变得相当糟糕："横向、航向、纵向都在振荡，我绝对没想到飞机还能安全着陆。尽管飞机很难操纵，但我最终搞定了一切，重新控制住了飞机，着陆，猛收油门。飞机在湖床而不是跑道上接地，扬起了遮天蔽日的尘土，整架飞机完全消失在了尘土之中。塔台的引导员一直在呼叫，问我到底发生了什么。我也一直在回复塔台，但超高频天线安装在飞机的机腹（为了在飞行中实现最佳的信号传输），所以没人能听到我的声音。最后，当我终于把速度降了下来，开始在湖床上转弯，重新从尘土中现身时，所有人都松了一口气。"两天后，沙尔克成功地完成了历时35 min、没有出现任何故障、真正意义上的首次试飞。在整个过程中,增稳系统阻尼器始终保持在开启状态。

▲ 1962年4月26日,卢·沙尔克驾驶一架A-12圆满完成了首飞(洛克希德公司提供)。

随着测试项目以较为缓慢的节奏持续进行,客户逐渐失去了耐心,因为此前被大肆吹嘘的J58发动机仍然没有任何动静,试验场现有的三架飞机安装的都是功率小得多的J75发动机。因此,为了帮助试验团队缓解一些压力,洛克希德的试飞员比尔·帕克不得不利用俯冲来让飞机加速到2马赫。

给"牛车"项目带来压力的第二件大事发生在1962年10月14日,一架U-2利用携带的相机拍摄到了苏联在古巴部署的SS-N-4中程弹道导弹(Medium-Range Ballistic Missile,MRBM)和SS-N-5中远程弹道导弹(Intermediate-Range Ballistic Missile,IRBM),而随后也就发生了众所周知的"古巴导弹危机"。两周后,U-2容易受到攻击的弱点再次得到了"引人注目的"验证。10月27日,又一架U-2成为了SA-2导弹的牺牲品,飞行员鲁道夫·安德森少校不幸罹难。

1963年1月15日,一架由两台J58发动机提供动力的A-12终于完成了首飞。截至当月末，共有10台发动机可供使用，而测试计划也开始加快了进度。但是，当时摆在试飞员和工程师们面前的最大困难是如何对大幅提升发动机推力的进气系统进行完善。为了满足凯利·约翰逊"持续以3.2马赫飞行"的设计目标，必须极其精确地规划进气道中心锥的后移以及各种放气门的准确位置，确保末端激波刚好处在正确的位置上，从而使进气道内的气流稳定。当最终满足了所有这些参数后，A-12的油耗显著降低，尤其是在加速时的跨声速阶段。

▲　航空设计天才克拉伦斯·L."凯利"·约翰逊在51区与他所设计的一架飞机合影，这架飞机是三架YF-12A的其中之一（生产编号1003，序列号60-6936）（洛克希德公司提供）。

　　通过66架次的飞行，"牛车"的速度包线从2马赫扩展到了3.2马赫。但成功是有代价的，1963年5月24日，在3号机（编号123）进行的一次亚声速发动机试飞中，飞机上仰，继而失去控制，飞行员肯·柯林斯被迫弹射。引起此次事故的原因是空速管系统内结冰，从而给出了错误的飞行数据。另一次事故中133号机于1964年7月9日坠毁。当时，飞行员比尔·帕克刚刚完成了一次跨声速试飞,正准备进场着陆51区。此时,飞控系统完全锁死,飞机坡度角持续增大。在距离地面仅200 ft(约60 m)处,帕克被迫在约200 kn(1 kn=1.852 km/h)的速度下弹射。引起该故障的原因是飞控系统的液压油泄漏。

1964年12月28日,在完成了深度维护后,美国中央情报局飞行员米尔·沃伊伏蒂奇驾驶126号机滑上跑道,准备进行一次功能检查飞行(Functional Check Flight,FCF)。开启两个加力燃烧室后,飞机在抬前轮

▲ 倒置安装在"柱子"上的第二架A-12(122号机)用于进行全面的雷达散射截面积测试。在51区的"雷达目标散射"(Radar Target Scatter,RatScat)试验场,这架飞机被安装在一台液压起重机的顶端。用雷达吸波材料覆盖起重机后,利用不同类型的雷达从各个方向对雷达回波情况进行了测量(洛克希德公司提供)。

的瞬间狠狠地偏向一侧,而利用方向舵纠偏后,飞机上仰。很明显,飞行员所有的控制输入都得到了与预期相反的结果。在这一发散效应的过程中,米尔被迫在飞机距离地面不到100 ft(约30 m)处弹射。降落伞的摆动使得米尔勉强躲过了126号机坠毁后升起的熊熊火焰,而这也意味着又失去了一架飞机。这次飞行仅仅持续了6 s的时间,这也是所有"黑鸟"中最短的一次。事后调查显示,是增稳系统导致了飞机的异常。

11月20日,在完成了历时6 h 20 min的最大续航时间飞行后,最终阶段的验证工作宣告结束。此次飞行中,一架"牛车"演示验证了在接近90 000 ft(约27 450 m)高度上以3.2马赫的速度持续飞行的能力。12月2日,第303总统秘密委员会迅速否决了在越南不断升温的冲突中部署"牛车"参战的建议。但是,委员会同意应采取措施建立起快速反应能力,让A-12侦察系统能够在1966年1月1日之后的任意时间点上、在21天的周期内完成部署。"牛车"在东南亚进行作战部署的行动代号为"黑盾"。整个1966年,第303总统秘密委员会接到了无数次的部署申请,但全部予以否决。而之所以出现这种局面,是因为赞成部署的美国中央情报局、三军联合委员会(Joint Services

Committee，JSC）和外国情报总统顾问委员会，与反对部署的国务院和国防部之间意见相左。

尽管政治上的争吵还在继续，但"牛车"项目依然在顺利向前推进。1966年12月21日，比尔·帕克仅耗时6 h多一点就完成了一次10 200 mile（约16 400 km）的不间断飞行，对飞机的远程侦察能力进行了演示验证。然而，1967年1月5日，厄运再次打击了"牛车"项目。由于燃油表故障，125号机在距离51区约70 mile（约112 km）处坠毁。美国中央情报局飞行员沃特·雷成功弹射，但不幸的是，他没能与座椅分离，坠落地面后牺牲。

1967年5月中旬，在情报部门报告越南民主共和国即将接收地对地弹道导弹，冲突可能进一步升级后，"牛车"最终被批准投入部署。5月22日，米尔·沃伊伏蒂奇驾驶131号机（序列号60-6937）从51区起飞，经过3次空中加油，仅耗时6 h多一点即抵达了位于日本冲绳的嘉手纳空军基地，这也创造了一项新的跨太平洋速度纪录。当然，显然是出于保密的原因，这一纪录并未得到证实。接下来的4天里，飞行员杰克·莱顿和杰克·威克斯分别驾驶127号机（序列号60-6930）和129号机（序列号60-6932）转场至嘉手纳基地，而"黑盾"行动则在1967年5月29日宣布已经做好了作战准备。

▲ 8架A-12，其中包括927号机（双座教练机"钛鹅"）以及图中远端的两架YF-12A，在51区列队排开（美国中央情报局提供）。

1967年5月31日，米尔·沃伊伏蒂奇驾驶131号机完成了A-12的首次作战飞行。在"黑盾"行动中，大部分飞越越南民主共和国的典型航路和飞行剖面可以概括为：起飞后不久，由专用的KC-135Q加油机加满燃油，然后加速并爬升，达到3.2马赫的作战速度和80 000~86 000 ft(24 400~26 230 m)的高度；进入海防上空的敌方空域(称为"前门"进入)，飞越河内，从奠边府附近空域离开，然后减速并降低高度进入泰国空域再次进行空中加油。随后，重新加速爬升，回到作战速度和高度，再次飞越越南民主共和国，并返回嘉手纳基地("本垒")。将拍摄到的所有重要照片下载后由"快递"专机送往位于纽约州罗契斯特的伊士曼

▲ 132号A-12(序列号60-6938)滑向51区的起飞线。132号机在退役之前共完成了197架次、369.9 h飞行(洛克希德公司提供)。

▲ 尽管画质并不理想，但这张翻拍于16 mm电影胶片的图片，是现存为数不多的记录"黑盾"行动中A-12在冲绳飞行情况的图片之一(美国中央情报局提供)。

·柯达公司进行处理。在米尔的首次作战飞行中，1型相机表现完美，拍摄到了10类高优先级目标，包括飞行航路上已知的190个地对空导弹阵地中的70个。

7月中旬，在"黑盾"行动成功完成了9次飞行之后，照片分析人员已经可以高度地确定，越南民主共和国并没有地对地导弹。对于打击越南民主共和国地对空导弹阵地的任务规划而言，这些飞行可以说是价值连城的情报来源。同时，这些飞行还提供了高质量的轰炸效果评估(Bomb Damage Assessment, BDA)图像，对越南民主共和国军事设施和基础设施的打击效果进行评估非常重要。

早在1965年11月，"牛车"被部署参加"黑盾"行动之前，就已有一份备忘录在美国财政部预算局(the Bureau of the Budget, BoB)内部广为流传，这份备忘录对同时运行的"牛车"和"高级皇冠"(美国空军双座型SR-71的代号)的成本表示了关注。报告作者对计划购买的飞机总数量以及分别单独执行"秘

密的"美国中央情报局行动和"公开的"空军行动的"必要性"提出了质疑。同时，报告还进一步建议从1966年9月起逐步淘汰A-12，并停止对SR-71的后续采购。但是，由于按照计划SR-71在1966年9月之前还无法达到作战能力，国防部长拒绝考虑这些建议。之后，1966年7月，美国财政部预算局的官员建议应成立一个跨部门研究小组，寻求能够降低这两个项目的成本的途径。完成了相关研究之后，在1966年12月12日召开的一次会议上，3/4的表决意见都倾向于在1968年1月终止"牛车"机队的运行（假设SR-71在1967年9月达到作战准备水平）。12月16日，尽管唯一一名持反对意见者——来自美国中央情报局的理查德·赫尔姆斯对此表示抗议，但美国财政部预算局的备忘录还是递交给了约翰逊总统。12天后，约翰逊总统接受了美国财政部预算局的建议，并下令在1968年1月1日终止"牛车"项目。

但是，随着越南战争的持续升级，以及"黑盾"行动所取得的成效越来越明显，为了支持SR-71而逐步淘汰A-12的想法是否明智，这成为了一个问题。鉴于此，1967年11月3日，这两型飞机连同各自的侦察和情报搜集传感器，在美国本土进行了竞争性飞行演示，代号"漂亮姑娘"。尽管A-12的1型相机的分辨率略优于SR-71的光学设备，但此次竞争性飞行演示的结果无法给出定论。而SR-71不仅能够搜集目标区域的图像情报（Photography Intelligence，PHOTINT），还能搜集信号情报（Signal Intelligence，SIGINT）。更重要的是，利用安装在机头的地形测绘雷达天线，SR-71还能搜集雷达情报（Radar Intelligence，RADINT）。尽管理查德·赫尔姆斯一再表示反对，但最终，国防部长在1968年5月16日再次确认了终止"牛车"项目的决定，并在5天后得到了约翰逊总统的批准。

"黑盾"行动中部署的三架A-12共成功完成了24次在越南民主共和国上空的任务、2次柬埔寨/老挝上空的任务，以及3次朝鲜上空的任务。项目官员决定，最早将从6月8日起让"牛车"由嘉手纳基地重新调回美国本土，而在此之前，限制"牛车"仅可开展为保持飞行安全和飞行员熟练程度而必须进行的基本飞行活动。6月7日，51区的所有A-12都被转场到了加利福尼亚州的棕榈谷进行封存。然而，不幸的是，1968年6月4日，杰克·威克斯驾驶129号机在太平洋上空进行功能检查飞行时，飞机出现了某种灾难性的结构故障，杰克·威克斯和129号机就此了无踪迹地消失在了茫茫的太平洋。而剩余的两架飞机则在几天之后顺利返回。

▲ 为了完成远距离任务,A-12和SR-71都要依靠经过专门改装的KC-135Q加油机提供空中加油(美国中央情报局提供)。

▲ 1967年10月30日,丹尼·沙利文驾驶129号机(序列号60-6932)执行BX6734号"黑盾"任务时差点被击落。这也是所有"黑鸟"中最接近于被击落的一次(美国中央情报局提供)。

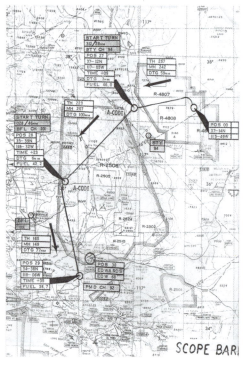

▲ 飞行员弗兰克·穆雷1968年6月21日使用的飞行图。"牛车"项目终止后,弗兰克·穆雷当时正驾驶131号A-12由51区定位飞行前往位于棕榈谷的封存设施(弗兰克·穆雷提供)。

第 1 章
SR-71 的研制与改型

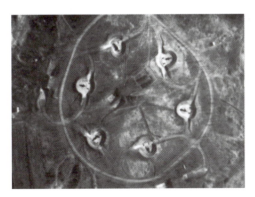

▲ 1968 年 1 月 26 日，美国中央情报局飞行员杰克·威克斯在 BX6847 号"黑盾"任务中驾驶 131 号 A-12（序列号 60-6937）飞越朝鲜时拍摄到的照片。照片中是此次飞行过程中所拍摄到的 12 个 SA-2 地对空导弹阵地之一（美国国家档案馆 蒂姆·布朗提供）。

▲ 抵达棕榈谷后，剩余的 A-12 被封存到一个机库内。注意其中一架参加了早期"黑盾"行动的 A-12 上标有伪造的红色序列号（洛克希德公司提供）。

▲ 在棕榈谷的剩余全部 9 架 A-12 在进行最后处置之前，都被移到了机库之外。注意机体上喷涂了白色的保护性涂料（洛克希德公司提供）。

1.3 "高级皇冠"

艾森豪威尔总统决定将U-2项目的控制权移交给美国中央情报局,这对美国空军战略空军司令部(Strategic Air Command,SAC)来说是个巨大的打击。美国空军战略空军司令部就此失去了一项重要的战略侦察任务,而这曾经是他们的立足之本。但即便如此,美国空军还是为U-2和"牛车"项目提供了巨大的支持。

然而,1962年3月,美国空军宣布授予洛克希德公司一份为期90天的研究合同,主要内容是对美国空军的各项任务进行评估,包括摧毁地面目标的能力。为开展这些研究,美国空军所选择的平台是A-12。到4月份,两架不同的样机——一架R-12纯侦察平台和一架RS-12"侦察/打击"飞机,已经在"臭鼬工厂"里开始进行制造和任务界定的工作。

设计团队充分发挥了A-12先天设计的灵活性,重新设计了前机身,并使其在715接头处(垂直于内侧机翼前缘与机身边条相接处的一个接头)与后机身紧密配合,得到了一架凯利将其称之为能够完成各种不同任务的"通用飞机"。尽管高度的通用性能够带来巨大的好处,但是,这种实用主义的想法最终却没能战胜关于"用同一家公司的同一型飞机执行多种不同任务是否合理"的政治分歧。

1962年6月4日,"一大群负责空中侦察的人"在伯班克对研究项目进行了评审,得出的研究结果令人满意。但是,无法确定是否进一步开展硬件研制。1962年12月20日,"臭鼬工厂"的几位工程师飞抵华盛顿,向空军介绍了R-12的设计方案,但美国空军认为这一设计的质量过大。为此,工程师们将任务载荷减至1500 lb(约680 kg),并进一步进行了设计优化。设计团队的不懈努力得到了回报,1963年2月18日,美国空军发出了一份制造6架飞机用于试飞的预约合同,并计划到7月1日再增订25架飞机(美国空军至此将该型飞机命名为SR-71)。项目实现了此前设定的 31 个月内每月一架飞机的生产速度,所有的静态测试和飞行试验(包括Ⅰ、Ⅱ、Ⅲ类飞行)也都在1.46亿美元的总预算内全部完成。无论以何种标准来看,这都是非常了不起的成绩。而与此同时,这也显示出了之前"牛车"项目中所完成的"基础性工作"的重要价值。

美国空军为RS-12赋予的任务使命是在发射洲际弹道导弹(Inter-Continental Ballistic Missile,ICBM)后"观察并料理后事",并临时将该型飞机编入了战略空军司令部的核战计划——"统一作战行动计划"(Single Integrated Operational Plan,SIOP)之中。但是,考虑到弹道导弹技术的飞速发展,各类战略智库都对核时代轰炸机的远期生存能力表示怀疑。而这些想法在肯尼迪政府内部带来的后果,就是国防部长罗伯特·麦克纳马拉一直没有为RS-12订购任何武器,而RS-12方案也因此最终未能变为现实。

1964年7月25日,约翰逊总统在一次新闻发布会上承认了SR-71的存在,尽管SR-71当时还尚未完成首飞。3个月后的10月29日,一架序列号为61-17950的SR-71A原型机(即2001号机——这一编号非常有意义,因为凯利相信2001年之前,敌人都无法对他的新设计进行拦截)被分解拆散后装上了两辆大型拖车,从伯班克起运交付到了位于加利福尼亚州棕榈谷210号楼的美国空军42号厂房2号场地。

12月22日,个人呼号"荷兰人51"的洛克希德公司项目首席试飞员鲍勃·吉利兰从棕榈谷的第25号跑道起飞,进行了SR-71的首次飞行。首飞中,鲍勃达到了50 000 ft(约15 240 m)的最大高度和1.5马赫的最大速度。"高级皇冠"项目(美国空军赋予该项目的秘密代号)就此启动。

▲ 在凯利·约翰逊的请求下,在1964年12月22日的首飞中,鲍勃·吉利兰驾驶编号950的SR-71A原型机为美国空军官员演示了低空飞行。吉姆·伊斯特汉驾驶一架F-104"星"式战斗机跟随在950号机之后,而F-104也是凯利设计的(洛克希德公司提供)。

▲ 洛克希德公司的SR-71首席试飞员鲍勃·吉利兰(洛克希德公司提供)。

按照合同，洛克希德公司将制造31架SR-71，包括29架SR-71A和两架双座型的SR-71B教练机。然而，1968年1月11日第二架SR-71B（2008号机，序列号61-17957）因事故损毁后，凯利的"通用飞机"理论迎来了考验。麦克纳马拉于1968年1月5日宣布取消YF-12"凯德洛克"项目（详见附录Ⅳ）后，该项目剩余的两架飞机被封存了起来。而同时，如果剩下的一架SR-71B需要停机进行深度维护，则SR-71飞行员的训练就得中断。为此，项目决定制造一架由YF-12和SR-71B混合而成的双座型飞机。结合了一段原本用作静力试验件的前机身，以及一架YF-12A（序列号60-6934）的后机身，这架"混合"飞机被命名为SR-71C。所有驾驶过这架飞机的飞行员都把它称为"杂种"，然而这架飞机发挥了极其重要的作用，在"高级皇冠"项目终止之前，这架飞机累计完成了超过500 h的飞行。

▲ 被称为"大尾巴"的改型，外部的改动包括将61-17959号机的机尾段延长了近9 ft（约2.75 m）。这一改动增加了49 ft³（1 ft³≈0.028 316 8 m³）（约1.39 m³）的储存空间，最多可携带864 lb（约392.25 kg）的任务载荷（洛克希德公司提供）。

第 1 章

SR-71 的研制与改型

▲ 尽管 1966 年 1 月 19 日就完成了首飞,但改装了"大尾巴"后的 959 号机直到 1975 年 12 月 11 日才再次升空。"大尾巴"改装的目的是让 SR-71 能够携带更多的传感器,但改装后的飞机却从未参与作战部署(洛克希德公司提供)。

▲ 为了防止拉长的尾部在飞机起飞抬前轮时触地,或是阻力伞在飞机着陆滑跑时缠住尾部,可以通过液压将尾部向上或向下调整 8°30'(洛克希德公司提供)。

▲ 相较于 A 型机,SR-71B 的外形看起来有些笨拙,尽管如此,作为教练机的 SR-71B 的设计巡航速度也可达到 3 马赫。注意背景中洛克希德公司的"喷气星"双发商务机(洛克希德公司提供)。

25

▲ 仅有的两架SR-71B教练机之一(序列号61-17956)曾立下了汗马功劳,尤其是在1968年1月11日其957号姊妹机损毁之后。1965年11月18日,洛克希德公司的试飞员吉利兰和贝尔格驾驶这架飞机完成了首飞。图中,该机正在庆祝第1000次飞行(洛克希德公司提供)。

▲ 被飞行员不厚道地称为"杂种"的这架所谓SR-71C,是由一段用作静力试验件的前机身与一架YF-12A(序列号60-6934)的后机身混合而成(洛克希德公司提供)。

1.4 项目终止

美国国家情报委员会越来越迷恋于由卫星提供的图像。而与此同时,尽管各个部门都在给SR-71安排各种为战区内的情报需求提供支持的任务,但却只有美国空军为SR-71提供资金。因此,就像"牛车"项目被终止时一样,"高级皇冠"的结局也是一团糟。

由于SR-71的运行费用挤压了上级司令部的轰炸机和加油机任务,战略空军司令部不再着迷于"高级皇冠"。尽管为了确保"统一作战行动计划"的时效性,战略空军司令部仍然需要信号情报,但与RC-135和U-2R不同,SR-71不具备长时留空搜集信号情报的能力。而更重要的是,尽管平台上的先进合成孔径雷达系统(Advanced Synthetic Aperture Radar System, ASARS-1)能够生成高质量的雷达图像,但却无法通过数据链以近实时的方式下传这些图像。这意味着,留给SR-71的时间已经不多了。

到了20世纪80年代后期,"高级皇冠"项目在五角大楼的决策层里几乎已经没有了支持者。相反,站在反对者队伍中最前列的不是别人,正是美国空军参谋长拉里·韦尔奇将军。相较于卫星,高昂的运行费用和微不足道的收益成为他反对SR-71的基础。此外,据推测,此时可能正在研制另一款采用吸气式动力的替代机型,而在美国国会的一次会议中,韦尔奇表示,SR-71已越来越容易遭到SA-5和SA-10导弹的攻击(参谋长的这些言论毫无根据,SR-71近期装备的可编程DEF A2C系统据称可战胜当前已知的所有威胁)。然而,尽管多名重要的前SR-71飞行员付出了艰巨的努力,例如瑞奇·格拉汉姆、柯特·奥斯特海德、汤姆·维尔特里以及"盖诺"·奎斯特,这些优秀的军官把项目的重要性放在了个人的职业与前程之上,但1989年9月30日(该财年的最后一天),"斧子"最终还是砍向了"高级皇冠"项目。事实证明,这一决定是不受欢迎的、目光短浅的。超过40位国会议员对这一决定表示出了极大的不安,其中包括参议院武装部队委员会主席山姆·纳恩议员。很快,这些议员们的担忧就应验了。1990年8月2日,伊拉克共和国卫队的3个师入侵科威特。尽管此后联军部队的"沙漠风暴行动"以压倒性的胜利解放了科威特,但在41天的行动期间,联军部队吸取的教训之一便是诺曼·施瓦茨科夫将军的战地指挥官们缺少"及时的"侦察装备。然后,1994年3—4月间,由于朝鲜拒绝了对其核设施进行调查的要求,美国与朝鲜之间的关系降至冰点。

所有关于重新恢复"高级皇冠"项目的活动和游说最终得到回报。1995年7月20日,新的国防部拨款法案为"重新恢复适度规模的(3架飞机)SR-71'黑鸟'侦察机特遣队"扫清了道路。由967号机、971号机以及956号SR-71B飞机组成的第2特遣队进驻爱德华空军基地,重新投入服役。此外,项目还获得了额外的拨款资金用于加装数据链,以便能够近实时地下传先进合成孔径雷达系统数据和电子情报(Electronic Intelligence,ELINT)数据。重新服役期间,第2特遣队的3架SR-71共完成150架次、365.7 h的训练飞行。然而,尽管美国国会有着美好的愿望,但最终如愿以偿的却还是美国空军。1997年10月15日,新一届政府要求削减预算,五角大楼"献上了"SR-71项目,而克林顿总统则就此砍掉了整个"高级皇冠"项目。

▲ 1979年11月7日，1002号机（序列号60-6935）转场至莱特·帕特森空军博物馆。该机是Y-12A"凯德洛克"项目留下的唯一一架飞机（洛克希德公司提供）。

1999年6月30日，第2特遣队正式关停。而2001年，在纽约和华盛顿发生"9·11"恐怖袭击的两天后，五角大楼提出能否重启SR-71……

第 2 章
作战中的 SR-71

作为可能是史上生存能力最强的作战飞机,没有任何一架SR-71是因为敌方的行动而损毁。虽然敌方多次尝试,但他们从来没能成功。SR-71为后来的美国总统们提供了近实时的情报,而这些情报是其他空中或空间装备所无法获得的。"黑鸟"飞过了整个地球,从来没有遇到过任何麻烦。

▲ 尽管SR-71不具备攻击能力,但独特的线条表明了这绝对是一款军用飞机。在冲突期间,以及紧张的政治局势下,SR-71能够飞过整个地球完成极具价值的情报搜集任务(TopFoto图片馆提供)。

2.1 越　　南

　　美国空军为SR-71项目冠以了"高级皇冠"的秘密代号,战略空军司令部选择了第1和第99战略侦察中队来执飞SR-71,这两个中队都隶属于驻扎在加利福尼亚州萨克拉门托附近的比尔空军基地的第9战略侦察联队(第99战略侦察中队1966年6月—1971年3月间装备了SR-71,该中队被解散后,其装备转交给了第1战略侦察中队)。在之前美国中央情报局的"牛车"项目中,最初有3架飞机部署在冲绳的嘉手纳空军基地,并相应成立了代号为"8号作战阵地"的特遣队。在冲绳使用SR-71作战的20年间,该特遣队先后于1970年10月30日更名为"琉球作战阵地"(OLRK,其中RK表示包括了冲绳岛在内的"琉球群岛"),于1971年10月26日更名为"嘉手纳作战阵地"(OLKA),并最终于1974年8月更名为第9战略侦察联队"第1特遣队",直至1990年SR-71机队退役。

　　在"白热"(表示SR-71在前线部署的代号)开始的两天前,为了给SR-71的跨太平洋飞行提供空中加油保障,6架KC-135Q加油机部署到了位于夏威夷的希卡姆空军基地。1968年3月8日,巴迪·布朗少校和他的侦察系统操作员戴夫·詹森少校作为"高级皇冠"项目首批部署作战的机组人员,一起驾驶978号机由比尔空军基地起飞,部署至"8号作战阵地"特遣队。两天后,杰里·奥马利少校和埃德·佩恩上尉驾驶976号机抵达战区,而鲍勃·斯宾塞少校和凯斯·布兰海姆少校则于之后的3月13日驾驶974号机抵达战区。3天后,第四批机组人员——吉姆·沃特金斯和戴夫·邓普斯特搭乘一架KC-135Q加油机抵达战区。正是在冲绳部署作战时,SR-71获得了"大蛇"的绰号,这个名字来自于琉球群岛所特有的一种黑色有毒蝮蛇(尽管外界一直把SR-71称为"黑鸟",但SR-71的机组人员通常不这么叫,他们更喜欢这个蛇一类的绰号)。

第 2 章
作战中的 SR-71

▲ 为了防止在地面或空中出现任务中断的情况,所有早期任务以及之后优先级较高的任务都采用了"备份"。图中,任务主机及其备份机正在嘉手纳基地等待起飞(美国空军提供)。

　　离开比尔空军基地之前,按照原定计划,将由首先部署到"8号作战阵地"特遣队的机组人员执飞SR-71的首次作战飞行。但是,由于飞机维护的问题,这一光荣的任务最终落到了驾驶 976 号机的杰里·奥马利和埃德·佩恩头上。首次作战飞行任务于1968年3月21日(周四)进行,并采用了与10个月前"黑盾"行动首个架次相同的飞行航路。在这次历史性的任务中,976号机在可拆卸的机头内配备了固特异航空系统公司的GA-531高分辨率雷达(High-Resolution Radar,HRR),该雷达具有约 6 ft(约 1.83 m)的地面分辨率。设备舱C中安装了仙童相机公司的F489地形目标相机(Terrain Objective Camera,TROC),相机配有6 in(1 in=25.4 mm)(约152 mm)焦距镜头(这种广角测绘相机将在整个飞行过程中全程工作,对飞机正下方的地形进行单次重叠曝光。照片分析人员能够据此核查飞机的位置,并提供关于其他传感器所拍摄到的目标的更多交叉线索)。边条处的P舱和Q舱水平安装了两台详查型Hycon HR-308B专业目标相机(Technical Objective Camera,TEOC),配有可在微粒胶片上聚焦成像的 48 in(约1 219 mm)镜头,能够获得极为清晰的图像。两台相机可通过天文惯性导航系统(Astro Inertial Navigation System,AINS)自动启动或由侦察系统操作员手动启动。最后,S舱和T舱内安装了两台Iteck公司HR-9085作战目标相机(Operational Objective Camera,OOC),由侦察系统操作员手动控制。

任务后的情报成果令人非常满意。尽管侧视机载雷达(Sideways-looking Airborne Radar, SLAR)存在一些技术缺陷，但通过侦察系统操作员的手动控制仍然能够良好运行。侧视机载雷达拍摄到了包围溪山前哨的重型火炮阵地的位置，以及为火炮提供保障的卡车的停车场，而此前美军其他侦察机上的传感器都没有发现这两个阵地。在随后的数天里，美军对这两个目标实施了空中打击，极大地削弱了其作战效能。被围困77天后，溪山终于在1968年4月7日(976号机作战飞行后的两周)得以成功解围。鉴于在此次极其成功的任务中所做出的巨大贡献，奥马利和佩恩均被授予了卓越飞行十字勋章。通过首次真正意义上的作战飞行，SR-71证明了自己的价值，而在此后几年的数千次飞行中，也是如此。

▲ 一架SR-71从嘉手纳空军基地的"鸟巢"中滑出，执行另一次"北上"任务(美国空军提供)。

"8号作战阵地"特遣队在越南民主共和国的早期作战任务中遇到的突出问题是SR-71的发电机掉电，经常致使飞机不得不备降至美国空军在泰国的基地。这一问题最终被确定为由于发热而导致，用熔点更高的焊料重新焊接了发电机的相关接线之后，问题得到了解决。在1968年全年"8号作战阵地"特遣队所完成的168架次SR-71飞行中，有67架次为作战飞行任务，其余的则是功能检查飞行和机组人员的训练飞行。

到1968年夏季末，"8号作战阵地"特遣队的首批3架飞机均已累计飞行了近300h，并在此过程中验证了在敌方空域内进行远程、3倍声速的高空战略侦察的作战概念。到这时,多架飞机需要进行轮换。于是,在9月的7天之内,980号、970号和962号机由比尔空军基地部署到了"8号作战阵地"特遣队,而976号、974号和978号机则返回了洛克希德公司位于棕榈谷的工厂进行深度维护。此外,机组人员的轮换也是"8号作战阵地"特遣队作战程序中的重要部分,到1968年底,至少有21名机组人员驾驶SR-71飞机进行了作战飞行。

随着越南战争的持续升级,对及时、高质量侦察图像的需求也在不断增加。为此,1970年春,"8号作战阵地"特遣队的SR-71由原来的3架增加到了4架(61-17969号机、972号机、973号机、974号机)。而接下来的3年,无论从哪方面来看,都是属于这支特遣队的黄金时代。

在这一时期,尽管绝大多数的"大蛇"飞行任务都是为在越南民主共和国的作战提供支持,但也不仅仅是这样。1971年9月27日晚,980号机由冲绳起飞,在完成了常规的起飞后空中加油(Air Refuelling,AR)之后,一路向北飞去。美

▲ 图中贯穿的白色尾迹显示了1968年7月26日越南民主共和国向SR-71A(序列号61-17976)发射的一枚SA-2地对空导弹的飞行路径(美国空军提供)。

▲ 随着"大蛇"在越南民主共和国的飞行越来越多,驻扎在嘉手纳基地的3架飞机上也不断地增加着这些令人印象深刻的任务标志(美国空军提供)。

国情报部门此前获悉,苏联海军计划在海参崴军港附近的日本海海域内进行规模空前的演习。要"刺探"苏联舰队防御系统的电子情报和通信情报(Communications Intelligence,COMINT)环境,"大蛇"正是最为理想的机型。而同时,对于苏联部署用于重要军事港口防御的新型SA-5("甘蒙")地对空导弹系统,美国国家安全部门的官员们也非常希望能够获得其最新的信号特征。随着980号机"钻向"目标区域,苏军同时开启了数十部雷达,而在即将进入苏联领空时,"大蛇"一个横滚,以35°的最大坡度角转弯继续留在了国际空域之内。

然而,在接近侦察任务的"情报搜集区"时,飞行员注意到右侧发动机的滑油油压正在降低。在即将完成该区域的侦察时,他惊恐地发现,油压读数已经降到了零。因此,他不得不关闭了发动机、降低高度,并减速至亚声速飞行。刚刚才"捅了马蜂窝"的机组人员的选择则使SR-71俨然变成了"活靶子",因为苏联的任何一架高速喷气机都能对这架缺油的"大

▲ 1971年9月27日晚,布奇·谢菲尔德少校(左)和他的飞行员鲍勃·斯宾塞少校驾驶SR-71闯入了苏联海军在海参崴附近举行的一次大规模演习(美国空军提供)。

▲ 1972年5月15日,由于两台发电机故障,且两台发动机熄火,罗尼·赖斯少校(左)和飞行员汤姆·皮尤少校不得不以41 000 ft(约12 500 m)的高度飞越河内。幸运的是,他们最终得以安全返回(美国空军提供)。

蛇"进行拦截。而更糟糕的是，这架SR-71在低空遇到了强逆风，燃油迅速耗尽。侦察系统操作员很快判断出，已经无法返回冲绳，必须转向备降韩国。但是，当他们接近朝鲜空域时，美军的监听站报告有数架米格战斗机已经升空。美国空军则立即从位于韩国洪州郡附近的基地紧急派出了多架F-102战斗机，拦在这些米格战斗机与"大蛇"之间。

▲ 经历了1972年5月15日汤姆·皮尤和罗尼·赖斯在河内上空"过山车式"的飞行后，61-17978号机被拖进了泰国皇家空军乌塔堡基地的一个机库里（美国空军提供）。

事后经确认，这些米格战斗机并不是针对改道的"大蛇"。最终，"大蛇"在位于韩国境内的大邱空军基地安全着陆。机上的电磁辐射接收装置共记录到了来自290种不同雷达的辐射信号，而最重要的是，还截获了梦寐以求的SA-5的信号特征。

▲ 3架B-52以标准作战编队保持飞行。这张照片是一架"大蛇"在50 000 ft（约15 250 m）左右的高度飞越越南民主共和国时，利用其地形目标相机拍摄的（美国空军提供）。

1972年12月27日午夜前的一小时，975号机准备起飞执行"巨鳞"（所有SR-71作战飞行架次的前缀）GS663任务。此次飞行是为了支持"后卫Ⅱ"任务（利用B-52对河内进行为期11天的大规模轰炸，尼克松政府希望借此迫使越南民主共和国重新回到巴黎的谈判桌前），而这也是"大蛇"在越南战争中

▲ 要完成重要的作战任务，"大蛇"完全依赖于"不知疲倦的" KC-135Q及其机组人员（保罗·F. 克里克莫尔提供）。

经过证实的唯一一次夜间飞行。"大蛇"再一次证明了它的价值,利用其电子对抗手段(Electronic Countermeasures,ECM)对目标区域进行了致盲遮蔽,以保护"笨拙的"B-52免遭SA-2导弹的威胁(此次行动只损失了一架隶属于关岛基地的B-52)。而除此之外,SR-71还在行动中获得了大量的情报数据。

2.2 朝 鲜

除了在越南战争期间为战区内的作战任务提供保障外,第1特遣队的任务还包括为美国驻韩部队司令(the Commander, United States Forces, Korea, COMUSK)、美国太平洋舰队总司令(Commander-in-Chief, Pacific Fleet, CIN-CPACFLT)以及太平洋情报中心(Intelligence Center Pacific, ICPAC)提供预警,即通过侦察"各种迹象以及告警目标的情况",为指挥官们提供关于朝鲜动向的预警。

之所以将朝鲜作为一个主要的作战区域,出自于两方面的考虑:第一,1977年时,朝鲜的军队规模达到了45万人(当时的世界第五大现役部队);第二,则是由于金日成是一个令人难以捉摸的人。

当时,朝鲜一到夜间就会重新部署或加强其在非军事区(Demilitarised Zone, DMZ)沿线部署的部队和设施,这也促使美军的战区指挥官们要求在此期间SR-71的大部分飞行要在夜间进行。为此,美军参谋长联席会议(Joint Chiefs of Staff, JCS)指示战略空军司令部增加每月的SR-71侦察飞行架次,在20:00—00:00间对这一区域进行侦察。按照战略侦察中心(Strategic Reconnaissance Center, SRC)(位于内布拉斯加州奥马哈的战略空军司令部总部内)制定的计划,SR-71将在两架次飞行任务中使用相机,而在剩下的10次任务中则使用其高分辨率雷达搜集雷达情报和电子情报。图像情报可以为情报专家在判读高分辨率雷达图像时提供一定的参考。

1977年9月19日21:05,第1特遣队的SR-71 960号机起飞后完成了对朝鲜的首次夜间侦察,于4.1 h后返回。而当年年底前,又完成了4架次对朝鲜进行的雷达情报/电子情报搜集的夜间飞行。尽管出色地完成了夜间突袭,但执飞这些重要任务的机组人员发现,飞机座舱内的照明不够均匀,其造成的反射使得查看仪表变得非常困难甚至危险,尤其是在与加油机交会时的下降阶段。为此,在完成前两个飞行架次后,对任务剖面进行了修改,而空中加油的次数也从两次减至一次。但是,这一决定也使得飞机能够飞越敏感地区的次数由两次减至一次,并进而使得执行此类任务所需的飞行时间从原来的近4.5 h缩短至约2.5 h。为了进一步确保机组人员的安全,后续的任务都改为在2.8马赫速度下进行,坡度角也被限制到最大不超过35°〔直到1982年,SR-71机队优化了座舱照明,并配备了"外部视觉地平线显示"装置(Peripheral Vision Horizon Display,PVHD),这一状况才得以改善。该装置会在飞机仪表板上投射一束很细的红光,形成一条可以根据俯仰和滚转的姿态变化进行响应的人工地平线,从而模拟自然地平线的变化〕。

很明显,所有的SR-71任务都受到了高度管控,但这并没能阻止朝鲜针对这些飞行的敌对行动。1981年8月26日,事情发展到了白热化的程度,当976号机第二次由西向东飞越非军事区时,朝鲜向其发射了一枚SA-2导弹。飞行员看到导弹尾迹后,加速至3.2马赫,并朝着远离导弹的方向略微转向,导弹最终在"大蛇"身后2 mile开外处爆炸。这一极其严重的事件导致朝鲜半岛的局势急剧恶化。里根总统严厉谴责了"这种无法无天的行为",但同以往一样,在确凿的照片证据面前,朝鲜依然否认了其发射导弹的指控。

为了缓和一触即发的局势,在SR-71对该区域的侦察飞行暂停6天之后,侦察航线也改到更靠近韩国一侧。随后,美国国防部副部长弗兰克·卡鲁奇在9月26日对第1特遣队进行慰问时称,非军事区航路只是暂时南移,待做好了"某些准备"之后将会恢复以前的航路,但他并未做进一步的解释。

10月3日,助理副参谋长马蒂斯中将召开了专门的通报会,向特遣队的机组人员介绍了四类特种任务,这些任务都将沿用8月26日飞机险些被击落时所采用的航路。同时,他强调了控制时间的重要性。在回答一名飞行员询问为什么控制时间很重要时,中将解释称:"如果朝鲜的地对空导弹阵地向SR-71发射了导弹,那么在60 s内,'野鼬鼠'反雷达攻击机就可以对其进行打击。"严格的时间限制,能够确保在地对空导弹发射时,攻击机朝着正确的方向飞行。该计划已经得到了里根总统的亲自批准。

针对非军事区的作战飞行一直按照经过修改的航路持续进行,直到1981年10月26日(周一),经过全面的任务计划和详细的任务通报,975号机由嘉手纳基地起飞,首次执行四类特种任务。此次任务的执行严格遵照预先计划,而幸运的是,不知出于何种原因,朝鲜并未针对此次飞行以及后续的"拖网任务"飞行发射导弹。在全部4架次任务中,飞机均在完成4h的飞行后安全返回。

作为第1特遣队的核心任务之一,SR-71对朝鲜的监控一直持续进行。1989年9月25日,962号机由嘉手纳基地起飞在该地区完成了一架次3.4h的飞行任务,而这也是"高级皇冠"项目被目光短浅的政治家们过早地砍掉之前,第1特遣队的SR-71在此地区的最后一次作战飞行。

2.3 两伊战争

1980年9月24日,伊拉克和伊朗之间长期以来的边境冲突逐步升级为全面的敌对状态,并很快发展成一场长达10年的消耗战。苏联和美国都明确表明了各自的立场,即保持"绝对中立"。但是,美国的情报部门深知,伊朗将会充分利用所谓的"原油压力点",尤其是满载原油的油轮将会通过霍尔木兹海峡这一天然的海上咽喉。

随着海湾局势的不断升级,1987年7月22日,第1特遣队的967号SR-71完成了将要在该地区进行的4次超长航时不间断侦察飞行中的首次任务。在这些长达11h的飞行任务中,出航段需要进行两次空中加油,而返航时则需要3次。其中,距离最远的第二和第三次加油将由三架KC-10加油机完成,因为这些KC-10可以通过"伙伴"加油来延长自身的航程。4次任务都非常成功,发现了伊朗装备的"蚕"式地对地导弹,以及伊朗在海湾地区部署的大量其他军用装备。利用这些情报,美国海军获得了关于"蚕"式导弹的威胁预警,而美国的外交部门也可借此向伊朗施压。SR-71再一次在这偏远的世界一隅展示了它的情报搜集才能。

2.4 特遣队的行动

对于SR-71驻欧洲地区的图像情报和电子情报搜集行动计划,战略空军司令部将其命名为"巨人之握"。1970年4月6日,战略空军司令部首次公布了这项计划，其最初的设想是让SR-71在西班牙的托雷永空军基地临时部署（Temporary Duty，TDY）30天。但是，由于西班牙法律禁止此类飞行，计划不得不变更为将作战行动基地转移到英国皇家空军米尔登霍尔基地。

1973年10月6日，以色列同埃及和叙利亚之间的"赎罪日战争"爆发后，"巨人之握"计划迎来了首次作战需求。但是，出于确保能够持续获得原油进口的考虑，英国政府拒绝了以米尔登霍尔为基地使用SR-71的要求。结果，在最终所完成的共9架次、每次7 h的不间断飞行中，SR-71不得不从美国东海岸起飞，然后飞越作战区，最后返航。共有3架SR-71参与了此次在1973年10月13日—1974年4月6日间开展的行动，包括979号机、964号机和971号机。

▲ "赎罪日战争"中，部署在北卡罗来纳州西摩·约翰逊空军基地的SR-71特遣队，从美国东海岸起飞，完成了9次长航时、不着陆往返飞行中的5次。特遣队队长唐·沃布雷切特为前排左起第三位（美国空军唐·沃布雷切特提供）。

最终，1974年9月1日，972号机成为了首架造访英国的"大蛇"。仅用时1 h 54 min即从纽约飞抵伦敦，当时创造的这一跨大西洋速度纪录一直保持至今。在当年的范堡罗航展上，这架SR-71成为了最耀眼的明星。而之后，9月13日，另一个机组驾驶这架飞机返回比尔空军基地时，又创造了另一项世界纪录，仅用时3 h 47 min即从伦敦抵达了洛杉矶。

在米尔登霍尔飞行的具体航路由战略侦察中心（位于内布拉斯加州奥马哈的战略空军司令部总部内）负责规划。然后，拟定的具体航路将被送至驻扎在托雷永空军基地的第98战略侦察联队（Strategic Wing, SW），由该联队负责从米尔登霍尔基地起飞完成战略空军司令部的行动任务。第98战略侦察联队第1特遣队将负责与英国军官进行协调，以获得所有必要的许可。

1976年4月20日，在两架KC-135Q加油机的伴随下，972号机再次造访英国。而这一次，则完全是为了执行任务。为了搜集苏联在巴伦支海域的六大海军基地（苏联北方舰队中最强大的三支舰队所在地，分别位于扎普德纳亚、利察、维蒂亚耶沃、加吉叶沃、塞维尔摩斯克和格拉米卡）的高分辨率雷达图像，972号机将进行两次飞行。然而，在挪威西海岸，972号机遭遇了反常的机外高温，导致燃油消耗过快，而这就意味着"大蛇"将很难与加油机会合。经过机组人员的慎重考虑，最终决定中止此次任务。不管怎样，此次飞行还是获得了非常有用的信息，能够帮助建立起SR-71在北欧恶劣气象条件下的飞行剖面和操作流程。

1976年秋，北约（North Atlantic Treaty Organization, NATO）计划开展两次大规模训练演习，美军欧洲司令部非常希望能让SR-71参与这两次演习。但是，这需要获得美军多个司令部的授权，以及英国国防部、参谋长联席会议、美国驻欧洲空军（United States Air Forces Europe, USAFE）和北约各成员国的授权。在获取了这些授权之后，1976年9月6日，962号SR-71抵达。在6个架次的飞行中，SR-71搜集了位于民主德国境内的苏联/华约组织多处的高分辨率雷达图像、图像情报和电子情报。同时，当年较早时候，972号机还对苏联的潜艇船坞进行了侦察。成功完成了此次为期19天的欧洲之旅后，972号机返回了比尔空军基地。

1976年12月31日，第98战略侦察联队解散，指挥权移交给了与美国驻欧洲空军司令部一起驻扎在德国拉姆斯泰因空军基地的第306联队。此外，第 306 联队的指挥官将直接向美国战略空军司令部总司令（Commander-in-Chief, Strategic Air Command, CINCSAC）进行报告，根据"委托授权"，他可以代表美国战略空军司令部总司令负责战略空军当时以及此后在欧洲进行的作战行动，包括驻欧洲加油机部队和RC-135的临时部署，以及后续B-52或U-2R/SR-71的可能部署。

▲ 在专用机库建成之前，SR-71在英国皇家空军米尔登霍尔基地的早期部署期间都是露天停放。图中飞机左机翼下方是用于起动"大蛇"发动机的"别克"起动车（鲍勃·阿切尔提供）。

美国战略空军司令部之所以要加强在欧洲的存在，是为了直接回应苏联/华约对北约不断提升的威胁。为了对战时执行战术任务的能力进行训练，美国战略空军司令部希望能够在英国定期部署B-52及其配套的加油机。而U-2R和SR-71，除了能够补充打击之前的图像情报并提供轰炸效果评估图像外，还可以提供信号情报告警信息。因此，鉴于美国驻欧洲空军总司令的"严重关切"，SR-71和U-2R被定期部署至英国皇家空军米尔登霍尔基地，对相关地区的态势进行监视。

1977年1月7日，第三架SR-71（958号机）飞抵米尔登霍尔基地，并完成了为期10天的部署。期间，958号机进行了两次训练飞行，其所飞越的海域与1976年4月SR-71部署时完全相同。

1977年2月，美国战略空军司令部向参谋长联席会议提出申请，要求在米尔登霍尔基地进行为期17天的部署，期间将进行一架次的训练飞行以及两架次的"平时空中侦察项目"（Peacetime Aerial Reconnaissance Programme, PARPRO）飞行。此外，还要求在两次"平时空中侦察项目"任务中搜集电子情报和高分辨率雷达图像,因为美国战略空军司令部非常希望能够向其他潜在的情报用户(例如美国陆军和美国海军)展示高分辨率雷达图像的独特之处。参谋长联席会议批准了战略空军司令部的请求,并进一步指示战略空军司令部将原本储存在比尔空军基地的一个机动处理中心(Mobile Processing Centre,MPC)部署至米尔登霍尔基地。

机动处理中心由24台类似于拖车的厢式货车组成,装载了用于处理SR-71的高分辨率雷达和相机所搜集的原始情报数据所必需的全套设备。所有设备通过2架C-5和4架C-141运输机运抵英国。抵达英国后,这些设备被安置在了538号机库内的一个秘密场地。而在这些设备的保障下,1977年5月16日,958号SR-71抵达英国后,即可立即投入作战。

▲ 1977年5月,61-17958号机在米尔登霍尔基地完成了为期15天的部署后,于当月底返回了比尔空军基地(鲍勃·阿切尔提供)。

5月18日在北海海域顺利完成训练飞行的两天后,携带了高分辨率雷达图像传感器和电子情报传感器的SR-71从英国起飞,成功完成了首次"平时空中侦察项目"任务。尽管任务的"情报搜集区域"仍然是摩尔曼斯克,但与前几架次不同的是,此次任务中还协调了RC-135"联合铆钉"电子侦察机,以充分利用后者增强的传感器能力。这次任务在规划阶段就让人担忧,因为此前苏联发出了一份飞行通报(Notice To Airmen,NOTAM),警告将在从地面至100 000 ft(约30 500 m)的空域内进行地对空导弹的试射。而更让任务规划人员感到迷惑的是，苏联计划试射导弹的这片海域正好涵盖了SR-71进入和离开巴伦支海的位置——或许任务信息被泄漏了。然而，在种种疑虑之下，这次任务还是得以继续实施，并且取得了巨大的成功，不但获得了苏联潜艇在船坞中的高分辨率雷达图像，而且SR-71和"联合铆钉"的电子情报系统还首次截获了SA-5导弹的相关射频信号。

▲ 1977年10月24日，64-14849号RC-135U"战斗发送Ⅱ"电子情报侦察机与61-17976号SR-71一起参与了在巴伦支海域的任务（鲍勃·阿切尔提供）。

▲ 1977年10月24日—11月16日，61-17976号机首次部署至英国皇家空军米尔登霍尔基地（保罗·F.克里克莫尔提供）。

2.5 也 门

SR-71一直在适时地为美国海军提供关于苏联北方舰队核潜艇动向的高分辨率雷达和电子情报信息,并参加了北约在春季和秋季进行的两次演习,为美国监视苏联/华约组织的部队换防情况,而1979年初,中东地区另一场战争的威胁,打破了SR-71正常的工作循环。这一次,与美国最大的石油供应国之一——盛产石油的沙特阿拉伯接壤的也门南、北方之间发生了冲突。

▲ 1979年4月17日,61-17979号SR-71抵达,对苏联/华约组织春季的部队部署和演习情报进行侦察,共停留了15天(鲍勃·阿切尔提供)。

接到沙特阿拉伯通过国防情报部门提出的请求后,美国参谋长联席会议指示战略空军司令部于1979年3月12日向米尔登霍尔皇家空军基地部署了一架SR-71,其任务是进入中东地区执行特殊的"巨人之握"行动,并持续监视这一热点地区内的相关事件。为此,1979年3月12日,972号机飞抵了米尔登霍尔基地。3月16日,受也门境内恶劣天气的影响,在凌晨两次中止起飞后,任务最终在4:30开始。由于法国拒绝SR-71飞越其领空,机组不得不绕过伊比利亚半岛进入地中海地区,而这就大幅增加了任务时间,以及保障任务所需的KC-135Q加油机的数量。

第一次空中加油在距兰兹角 26 000 ft(约 7 900 m)处完成,此后又进行了 4 次空中加油,一次在地中海,两次在红海上空(分别在对"情报搜集区域"进行侦察之前和之后),而第 5 次则是在利比亚以北的地中海。然后,机组再次绕过了伊比利亚半岛,并最终驾驶 972 号机安全返回了位于萨福克的临时基地。飞行员在全压飞行服中待了超过 9 h,此次任务取得了圆满成功,获得了国家安全委员会需要的所有情报数据。3 月 12 日,"大蛇"返回了比尔基地。

而真正能够证明 SR-71 在欧洲战区的行动大获成功的,则是 1979 年 3 月 31 日在米尔登霍尔基地成立的第 9 战略侦察联队的第 4 特遣队。此时的第 4 特遣队,是一支混编了 SR-71 和 TR-1 的作战部队。

▲ 1979 年 3 月 31 日,第 9 战略侦察联队第 4 特遣队在英国皇家空军米尔登霍尔基地成立。从第 4 特遣队的徽章很容易看出,最初这是一支混编了 SR-71 和 TR-1 的作战部队(鲍勃·阿切尔提供)。

▲ 第 4 特遣队的 TR-1 移交给英国皇家空军阿肯伯利基地新成立的第 95 侦察中队后,其重新设计的标志牌上也反映出了这一变化(保罗·F.克里克莫尔提供)。

1980 年 12 月 12 日,响应大西洋司令部总司令(Commander-in-Chief Atlantic,CinCATL)的要求,第三架 SR-71 部署到了米尔登霍尔。当时,大西洋司令部总司令担忧苏联可能会因为波兰持续增加的政治异见而对其进行军事介入。在途中搜集了波罗的海沿岸地区的高分辨率雷达和电子情报后,964 号机飞抵了米尔登霍尔。事后证明,这成为了一次里程碑式的部署。964 号机在英国停留了 4 个月后,于 1981 年 3 月 7 日返回了比尔基地。而替换 964 号机的 972 号机则于前一天抵达,并在英国驻扎两个月后,最终于 5 月 5 日离开。

其实也并非每次任务都是一帆风顺。1981年8月12日，在一次从比尔基地飞往巴伦支海然后再返回的不着陆往返飞行中，964号机已经完成了对目标区域的侦察，并且对接上了空中加油机，但其燃油告警灯始终亮起。在应急程序检查单上，这属于"强制中止"项，因为在这种降级条件下长时间飞行很容易造成发动机抱轴。此时距离最近的备降基地是在挪威的波多，而964号机最终在此备降，这也是SR-71首次踏上欧洲大陆。将备降原因上报给战略侦察中心后，机组就飞机出现的问题与米尔登霍尔方面进行了沟通。4天后，米尔登霍尔基地派出了一架KC-135Q加油机，以及一个维护小组。之后，在加油机的伴随下，964号机于8月16日返回了米尔登霍尔。此后，双尾翼上喷上"波多快车"字样的964号机继续在米尔登霍尔基地执行作战飞行任务，直至11月6日返回比尔基地。

▲ 1983年2月2日，61-17971号机离开了米尔登霍尔。在冬日寒冷清澈的空气中，可以清楚地看到飞机尾焰里的菱形激波（鲍勃·阿切尔提供）。

▲ 1983年7月9日，61-17962号机抵达米尔登霍尔基地时，没有人会相信他们实际上被欺骗了。事实上，这架飞机是棕榈谷的试验机（序列号61-17955）。而之所以使用假的序列号，是因为这架飞机当时正在对新型高分辨率地面测绘雷达（ASARS 1）进行一系列敏感的作战评估试飞（鲍勃·阿切尔提供）。

波兰的社会骚乱和政治动荡局势持续到了1981年底。在此期间，从米尔登霍尔起飞的SR-71一直利用其高分辨率雷达和电子情报传感器对相关态势进行监视，并定期向美国政府提供有关苏联可能军事介入的最新情报。在这一任务中，SR-71的飞行航路被严格限定为在国际空域内、绕波罗的海逆时针飞行。

虽然1983年在米尔登霍尔的部署仍然被称作是"临时行动"，但实际上，两架SR-71几乎一整年都驻扎在该基地。然而，英国国防部、美国战略空军司令部和美国驻欧洲空军司令部的官员们经过会谈之后,对这样的部署安排做出了变更。1984年4月5日,英国首相撒切尔宣布在萨福克基地成立一支永久性的SR-71特遣队。

来自苏联的挑战者——米格-31

▲ 1982年,苏联防空军的米格-31"猎狐犬"首次进入服役(叶菲姆·戈登提供)。

20世纪80年代初,激进组织在中东地区的复兴,给这一地区的局势带来了不稳定的影响。对于这样的热点地区,就需要SR-71持续进行监控。在黎巴嫩上空的任务由第4特遣队负责执行,所监视的目标是叙利亚和以色列的部队,以及为激进分子及其支持组织提供给养的各类走私活动。然而,在接连发生了锡德拉湾对峙事件、美国环球航空公司一架波音727客机被劫持,以及柏林一家美国军人经常出入的迪斯科舞厅被炸弹袭击后,利比亚成为了下一个焦点。

经过精心策划,美国海军和空军联合实施了"黄金峡谷行动",对利比亚的黎波里和班加西附近已识别的军事目标进行联合打击。战斗在1986年4月15日凌晨打响。作战中的一项关键任务是获得空中侦察照片。因为照片分析人员需要利用这些照片来完成轰炸效果评估报告,提交给最高统帅——罗纳德·里根总统。但是,利比亚拥有先进的、处于全面戒备状态的综合防空系统,因此行动开始后,也就只有SR-71的平台性能和系统能力能够在这种高风险环境中生存,并为照片分析人员提供高质量的图像。

连续几天,第4特遣队的空勤人员在打击区域内共执行了3次飞行任务。此时,美军的绝大多数飞行都是进入地中海地区,但由于法国政府拒绝SR-71飞越其领空,所有驻扎在英国的美国空军空勤人员不得不艰难地绕过伊比利亚半岛,然后再穿过直布罗陀海峡进入地中海,这给他们带来了沉重的负担。这些SR-71任务的重要特点就是需要进行空中备份,以便在任务主机发生机械故障时进行补位。980号机完成了这些备受关注的任务中的首个架次,但遗憾的是,由于的黎波里上空云层的遮挡,这次飞行未能在该地区搜集到有用的图像(利用高分辨率雷达可以很容易地解决这一问题。但五角大楼的高级官员们希望能够将照片公布给全球媒体,

▲ 米哈伊尔·米亚基少校(左)和他的武器系统操作员一起站在第174飞行联队的一架米格-31旁。该联队驻扎于摩尔曼斯克附近的蒙切尔斯克基地(米哈伊尔·米亚基提供)。

▲ 米哈伊尔·米亚基少校的飞行日志中清楚地显示,他在1986年1月20日和31日对第4特遣队的SR-71进行了两次拦截。当时,部署在米尔登霍尔基地的两架SR-71分别为61-17980号机和61-17960号机(米哈伊尔·米亚基提供)。

以证明打击行动是适度的、有选择的、精确的。SR-71的地面测绘雷达属于高度机密,这也是一个原因)。之后,在第二次飞行中,执飞的960号机又发生了传感器故障,因此,4月17日,980号机再次出动执行第三次飞行。在SR-71长达20年的作战使用中,这几次飞行可以说是绝无仅有的——仅用两架飞机,以及一支人员配备只够保障一周2~3架次飞行的维护小组,却在3天内完成了6次任务。不过,仅仅4年之后,在冷战结束后急切想要兑换所谓"和平红利"的大潮中,整个SR-71项目被取消。

▲ 利用安装在其"玻璃机头"中的光学全景相机,61-17980号机获得了"黄金峡谷行动"打击后至关重要的轰炸效果评估图像(鲍勃·阿切尔提供)。

凯利·约翰逊在1967年的SR-71项目日志中写道,"回想1959年,在我们启动这个项目之前,在与迪克·比塞尔进行讨论时,我们慎重地考虑了在卫星成为主导之前还需要一款还是两款飞机的问题。我们一致认为,一款就够了,用不着两款。这看起来是一次非常精确的评估。"

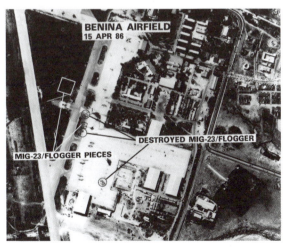

▲ 少数向媒体公开的SR-71相机系统所拍摄的照片之一(美国空军提供)。

▲ "黄金峡谷行动"中首次使用了KC-10加油机为第4特遣队的SR-71实施空中加油(洛克希德公司提供)。

▲ 61-17980号机前起落架舱门上画有3只深红色的骆驼,这代表了为获得轰炸效果评估图像而在利比亚上空进行的3次任务(保罗·F.克里克莫尔提供)。

▲ 在1987年6月29日进入波罗的海"情报搜集区域"的一次任务中,61-17964号机的右侧发动机发生爆炸。飞行员杜安·诺尔少校和侦察系统操作员汤姆·维尔特里少校设法安全地备降到了位于联邦德国的诺德霍尔茨空军基地(瑞典空军提供)。

▲ 两张964号机的照片均由瑞典空军的一名"雷"式战斗机飞行员拍摄。注意方向舵的位置,这是为了对仍然能够工作的左侧发动机所产生的不对称推力进行补偿(瑞典空军提供)。

第 3 章
解析 SR-71

被军方称为"高空高速飞行器"的SR-71,比世界上任何其他作战飞机都飞得更高、更快。用计算尺和图纸设计制造出来的SR-71,需要承受超过900°F(华氏度=32°F+摄氏度×1.8)的温度和80 000 ft以上的高空环境。而更重要的是,它的生命保障系统不仅要为两名机组人员在超过10 h的任务中提供舒适的工作环境,还要在发生高空失压事故时维持机组人员的生命。

▲ 洛克希德制造SR-71时的珍贵照片。银色的钛结构机体与黑色的复合材料边条之间形成了强烈的对比(洛克希德·马丁公司提供)。

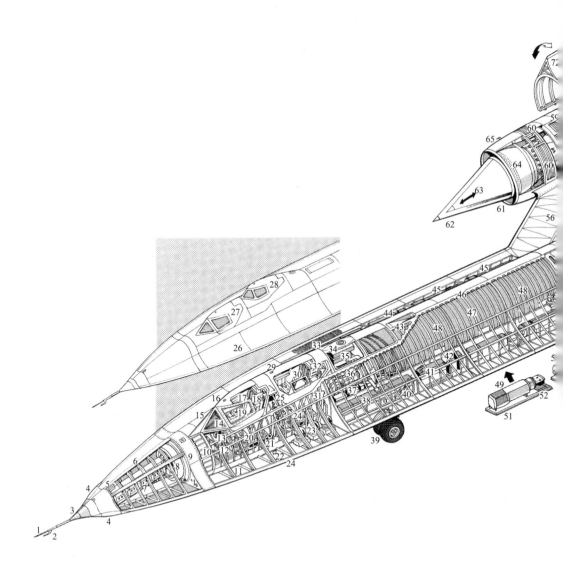

▲ 图示为SR-71结构图。

第 3 章
解析 SR-71

1—空速管头；
2—α/β传感器（迎角和偏航测量）；
3—射频隔离段；
4—雷达告警接收机天线；
5—甚高频全向信标天线；
6—可互换式机头任务设备舱；
7—劳拉公司CAPRE侧视地面测绘雷达天线；
8—天线底座及驱动机构；
9—可拆卸式机头舱安装隔框；
10—座舱前侧气密隔板；
11—机身边条结构框架；
12—方向舵和驾驶杆，数字式自动飞行与进气道控制系统；
13—飞行员仪表板；
14—风挡，仅带有电除冰；
15—散热整流罩；
16—上折式铰接座舱盖；
17—弹射座椅头靠；
18—座舱盖作动器及铰接点；
19—飞行员"零-零"弹射座椅；
20—装有发动机油门杆的侧操纵台；
21—座舱盖外部开关；
22—可伸缩式机腹超高频天线；
23—液氧瓶（3个）；
24—装有电子对抗设备控制装置的后座舱侧操纵台；
25—侦察系统操作员仪表板及视景显示器；
26—双座型SR-71B的机头外形；
27—改装训练飞行员座舱；
28—抬高的飞行教员座舱；
29—侦察系统操作员的上折式铰接座舱盖；
30—侦察系统操作员的弹射座椅；
31—座舱后侧倾斜气密隔板；
32—座舱盖铰接点；
33—蜂窝结构复合材料边条蒙皮壁板；
34—天文导航星跟踪器孔径；
35—平台计算机；
36—左侧及右侧空调设备舱；
37—左侧及右侧航电设备（由机头处的前起落架舱进入）；
38—左侧及右侧电子情报设备组件；
39—双轮前起（向前收起）；
40—液压收放作动筒；
41—红外单元；
42—敌我识别发射机；
43—空中加油接头（打开）；
44—记录设备舱；
45—右侧传感器设备舱；
46—机身上部主梁；
47—密排机身框架结构；
48—前机身油箱〔总容量：12 219 gal JP-7（80 280 lb）〕；
49—左侧及右侧技术目标相机；
50—左侧及右侧作战目标相机；
51—相机安装托盘/检查口盖；
52—石英玻璃观察孔径；
53—增稳系统陀螺仪；
54—前机身/中机身连接环形框；
55—中机身整体油箱；
56—βB.120钛金属蒙皮壁板；
57—波纹式机翼蒙皮壁板；
58—右侧主起落架（收起位置）；
59—进气道中心锥引气溢流格栅；
60—外涵道吸开式进气格栅；
61—右侧发动机进气道；
62—可动式进气道中心锥；
63—中心锥收缩（高速）位置；
64—附面层吸气孔；
65—数字式自动飞行与进气道控制系统大气数据传感器；
66—扩散腔；
67—中心锥液压作动器；
68—发动机进口导流叶片；
69—普·惠公司J58带加力涡喷发动机；
70—发动机舱外涵道；

71—外涵道吸开式进气门；
72—可分离式发动机舱与一体式外翼段垂直铰接，便于进入/拆卸发动机；
73—右侧外翼段；
74—右外侧升降副翼；
75—右侧全动式尾翼；
76—固定式翼根段；
77—加力燃烧室管；
78—加力燃烧室喷管；
79—第三级风门；
80—尾喷管鱼鳞片；
81—可变面积尾喷管；
82—右内侧升降副翼；
83—内侧升降副翼液压作动器；
84—内侧升降副翼伺服机构；
85—右侧机翼整体油箱舱；
86—波纹式钛金属蒙皮壁板；
87—阻力伞舱；
88—阻力伞舱门；
89—阻力伞、稳定伞及开伞联动装置；
90—蒙皮加强板；
91—中机身框架结构；
92—油箱一体式后机身；
93—内侧升降副翼伺服输入联动装置及混合器工具及俯仰配平作动器；
94—工具及俯仰配平作动器；
95—应急放油装置；
96—左侧全动式尾翼；
97—尾翼肋结构；
98—转矩轴铰接底座；
99—方向舵液压作动器；
100—方向舵伺服机构及偏航配平指示器；
101—固定式尾翼根部肋结构；
102—左侧发动机尾喷口；
103—喷口鱼鳞片；
104—左外侧升降副翼；
105—升降副翼钛合金肋结构；
106—蜂窝结构复合材料雷达吸波材料后缘段；
107—外翼段弧面前缘；
108—前缘雷达吸波材料段；
109—外翼段钛金属肋、梁结构；
110—外侧升降副翼液压作动器（14个）；
111—外侧升降副翼伺服机构；
112—发动机舱第三级进气道；
113—发动机舱/外翼段一体式结构；
114—发动机舱/外翼段铰接轴；
115—左侧发动机舱环形框结构；
116—内翼段整体油箱舱；
117—多梁结构钛合金翼段结构；
118—主起落架舱；
119—起落架舱隔热衬层；
120—液压收放作动筒；
121—主起落架转轴安装座；
122—主起落架支柱；
123—扭力臂；
124—进气道框；
125—外翼段/发动机舱边条结构；
126—三轮式主起落架轮轴架；
127—左侧的普·惠公司J58带加力涡喷发动机．
128—加力燃烧室喷管；
129—加力燃烧室输油管（巡航阶段）；
130—压气机外涵道（6个）；
131—发动机附件设备；
132—进口导流叶片；
133—左侧进气道；
134—可动式中心锥；
135—中心锥蜂窝结构复合材料蒙皮；
136—中心锥框架结构；
137—内侧前缘雷达吸波材料楔块；
138—前缘梁；
139—内翼段前缘整体油箱；
140—翼根/机身连接根肋；
141—密排机身框架结构；
142—翼身边条融合整流板

◀ 从正面看，SR-71简洁的外廓凸显了其优异的性能（保罗·F.克里克莫尔提供）。

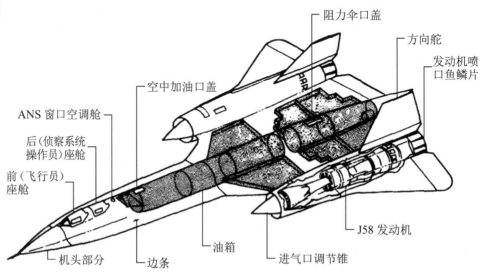

▲ SR-71"黑鸟"的总体布局（美国空军提供）。

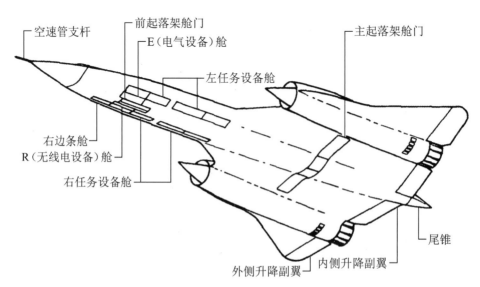

第 3 章
解析 SR-71

　　SR-71 是一款远程、双座固定翼飞机，由两台普拉特·惠特尼公司的轴流 J58 涡轮喷气式发动机提供动力。SR-71 的机身细长，看起来像是从巨大的三角形机翼向前伸出，机体两侧的机翼上各有一个突出的发动机舱。

　　SR-71A 的机翼面积为 1 605 ft^2（1 ft$^2 \approx$ 0.092 903 m^2）（约 149 m^2），机体长 107 ft 4 in（约 32.7 m），宽 55 ft 6 in（约 16.9 m），满载质量为 135 000~140 000 lb（约 61 290~63 560 kg）。挂载不同的传感器载荷时，飞机空重会有所变化，但通常是在 56 500~60 000 lb（约 25 651~27 240 kg）之间。

　　两块尾翼翼梢之间距离 22 ft 9 in（约 6.9 m）。尾翼向内侧倾斜 15°，兼具垂直安定面和方向舵的功能。两块尾翼安装在发动机舱后端，方向舵转轴点位于发动机舱站位（Nacelle Station, NS）1142 处。两个方向舵的面积均为 70 ft^2（约 6.6 m^2）。体积巨大、呈尖锥状的进气道中心锥从发动机舱前端向前伸出，其作用是调节进气口的几何形状，从而控制发动机气流。

　　机身带有两个大边条，从机头一直延伸至机翼，然后继续向外延伸。除了构成升力面之外，边条还可以为内置的载荷设备提供安装空间。

▲ 从上向下看，SR-71A（右）锥形的边条和细长的机头与其前身 YF-12 形成了鲜明对比。注意 SR-71 飞机独特的"锥尾"（洛克希德·马丁公司提供）。

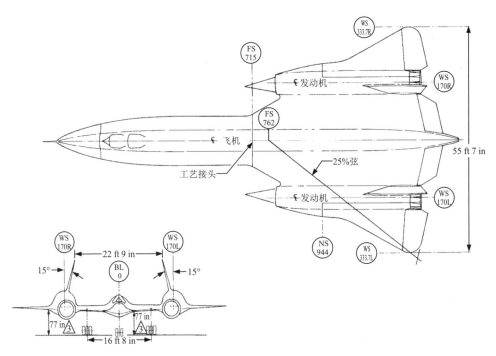

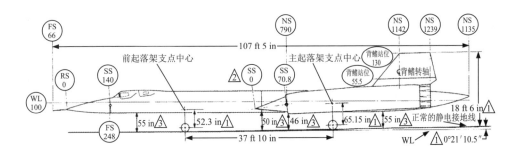

注：所给尺寸基于下述飞机条件：

⚠1 · 总重：140 000 lb；
· 重心位置：机身站位 880；
· 起落架放下；

⚠2 调节锥完全前移；

⚠3 刚刚离地；

4 如图所示为 SR-71A，其尺寸和站位同 SR-71B 相同。

舵面面积/ft^2

· 机翼面积（总）：1 795；
· 升降副翼（左右）
  内升降副翼：39.0；
  外升降副翼：52.5；
· 背鳍/方向舵（左右）
  可动面积：70.24；
  总面积：150.76；
· 腹鳍（SR-71B）
  左右腹鳍：20.72。

▲ SR-71A主要舵面的面积、尺寸、机体站位和基准站位（美国空军提供）。

3.1 钛金属结构和机体

SR-71的高空、高马赫数飞行当然不仅仅是因为推进系统,还要归功于其异常坚固的结构:由93%的钛金属和7%的复合材料制成的机体,能够在极高温环境下保持应有的强度和形状。此外,机体外表的黑色涂料也具有散热功能,有助于降低高马赫数飞行时的机内温度。

前后机身在机身站位(Fuselage Station,FS)715处对接,构成所谓的半硬壳式结构。这个"硬壳"采用了环形框和大梁来构成框架,然后将非金属复合材料蜂窝壁板与钛金属肋牢固连接在一起,形成边条。机翼采用了多梁结构,并与弦向蒙皮加强壁板一起构成盒形梁。翼梁向两侧延伸,贯穿两个发动机舱之间的整个机身。机翼边缘以及进气道中心锥的外表面也采用了非金属蜂窝复合材料,而舵面则使用钛金属制造。

▲ "黑鸟"的绝大部分机体(93%)采用钛金属制造,也就是这两张照片中可以看到的银白色部分(洛克希德·马丁公司提供)。

▲ 正在制造的SR-71座舱的硬壳结构（洛克希德·马丁公司提供）。

飞机每一个部件的设计和制造，都是为了能够承受持续的超声速飞行和减速至亚声速飞行时所产生的"气动加热"，以及随之而来的热冷却。由于飞机不同部件的受热效率和受热量各不相同，因此要证明制造是否成功，就只能看所有这些部件是否能够保持其强度和正常状态了。例如，SR-71的上、下翼面均呈波纹状，在飞行中，正是因为有了这些长长的纵向波纹，才使蒙皮与机翼结构之间可以存在不同的膨胀和收缩。

在3.2马赫速度下，飞机机头的温度将升高至约573°F，舵面前缘的温度可能达到577°F，而发动机舱则将经受最为严重的气动加热，前端达到587°F，中部达到1 050°F，后端超过1 200°F。在发动机舱的后端，J58发动机的尾喷流将会呈现"羽状"。此外，前座舱风挡前缘的温度也将达到622°F。

前机身为飞行员座舱（前座舱）和侦察系统操作员座舱（后座舱）提供了空间。同时，细长的前机身中还设置前起落架舱、无线电设备舱（R舱）和电气设备舱（E舱）、一个空调设备舱（AC舱）、一个空中加油口盖以及配套的伸缩式加油接头。前座舱中装有飞行员驾驶飞机所需的各种控制装置和仪表,而后座舱中则配备了设备控制装置,以及通信和导航控制装置。后座舱中也装有部分与前座舱相同的飞行仪表,但没有安装飞行控制装置。

站位RS0~RS140(RS代表"雷达站位",是表示机头段的专用术语)为SR-71的机头段,可拆卸,并装有可受热的空速管支杆。机身和后机身段设有一个阻力伞舱,其两个口盖位于机身中线顶部,向外开启。这一块的钛金属结构涵盖的范围较大,其周围设有6组油箱。在两侧边条内以及R和E舱外侧,共设有8个载荷设备舱(每侧4个)。

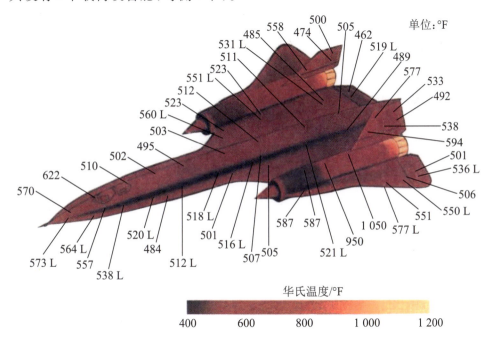

注:
1. L 表示下表面的温度;
2. 巡航条件:压气机进气口温度(CIT)为427℃(速度大概为3.2马赫,具体取决于环境气温)。

▲ 作战速度和高度下的气动加热情况(洛克希德·马丁公司提供)。

圆形机身与发动机舱之间的小块平坦区域为内翼段,该段设置有主起落架、主轮舱和油箱。发动机舱为舵面提供了支撑,同时其内还装有发动机及其配套的进气系统。两侧机翼的后缘都有一块内侧升降副翼(位于发动机舱和排气管的内侧)和一块外侧升降副翼,面积分别为 39 ft^2(约 3.6 m^2)和 52.5 ft^2(约 4.9 m^2)。

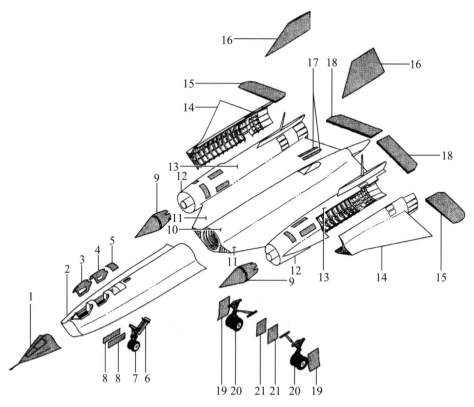

▲ SR-71A机体的主要部件(美国空军提供)。

1—机头段；

2—前机身；

3—前座舱盖；

4—后座舱盖；

5—空调舱口盖；

6—前起落架后舱门；

7—前起落架；

8—前起落架前舱门；

9—发动机进气口调节锥；

10—后机身；

11—内翼；

12—发动机进气口；

13—发动机舱内侧中点；

14—外翼和发动机舱外侧中点；

15—外侧升降副翼；

16—方向舵；

17—阻力伞舱舱门；

18—内侧升降副翼；

19—主起落架外侧舱门；

20—主起落架；

21—主起落架内侧舱门

3.2 起落架、刹车和液压系统

SR-71采用了前三点式起落架,包括一个前起落架和两个主起落架。对于SR-71这种质量的飞机来说,采用前三点式起落架布局并不意外。但同时,SR-71的起落架在设计上专门考虑了超声速飞行时所需承受的高温环境。

▲ 黄昏时分准备起飞的SR-71,图中可以清晰地看到SR-71的常规前三点式起落架布局(保罗·F.克里克莫尔提供)。

前起落架紧邻侦察系统操作员座舱的下后方,而主起落架则位于两侧机翼下方、机身和发动机舱之间。为了能够在干湿环境下有效刹车,同时缓解刹车发热,主起落架刹车系统采用了着陆阻力伞进行增强。阻力伞由飞行员通过前座舱内的开关打开。为了防止阻力伞的伞绳缠住舵面,飞机在滑出跑道进入滑行道之前,将抛掉刹车阻力伞,由等候在此的地勤人员回收。

前三点式起落架以及主起落架内侧舱门通过电气控制，液压作动。主起落架外侧舱门以及前起落架的两个舱门分别与各自的支柱机械连接。因此，3个起落架收放时，起落架舱门将随之关闭。主起落架内侧舱门关闭时，会将主起落架锁定在收起位置，而前起落架则是通过支柱收起到位后，机械锁定在收起位置。

起落架的控制通过操作飞行员仪表板上的一个两位开关实现。开关往上拨时，起落架收起，各带有3个机轮的左右主起落架向内收入内翼段和机身，带有两个机轮的前起落架向前收入机身。

▲ 前起落架在液压作用下向前放下。到位后，机械锁定（第二张图中隐约可见）（保罗·F.克里克莫尔提供）。

起落架正常收放需要12~16 s，所需要的液压压力由4台独立的发动机驱动的液压泵提供，这4台泵两两配对分别组成了左液压系统（L系统）和右液压系统（R系统）。其中，左液压系统负责提供刹车压力，以及收起3个起落架所需的压力。如果左液压系统的工作压力低于2 200 psi（1 pis≈6.895 kPa），则将使用右液压系统刹车和收起起落架。

发生异常情况时,可以通过飞行员控制台上驾驶杆前方的手柄来控制钢索操纵起落架放下系统,利用重力放下起落架。在左液压系统失效时,或发生电气故障导致起落架控制电路无法工作时,可使用这种操作方式。

通过飞行员的脚蹬控制前起落架,可以实现飞机的前轮转弯。前起落架长52.3 in(约1.33 m),前座舱和地面之间的离地高度为55 in(约1.4 m),地勤人员可以较为舒适地在飞机下方工作。

前起落架机轮采用Ⅶ型25 in×6.75 in高压无内胎轮胎。地面正常使用时,用干燥氮气充压至250 psi。地勤人员可根据胎面上的磨损凹痕来判断是否达到或超过了胎面的磨损限制。

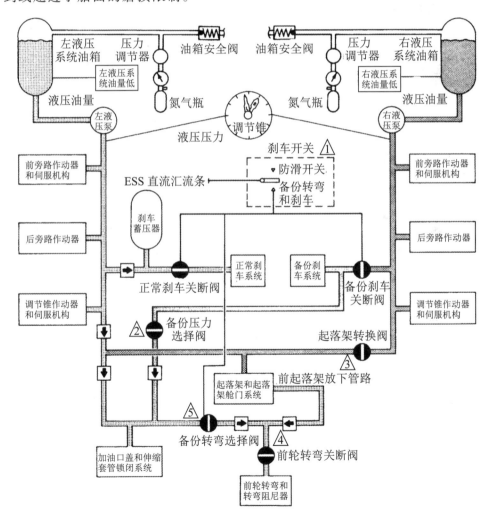

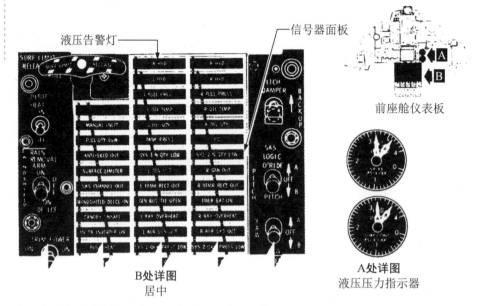

▲ 左右液压系统原理图，以及与防滑刹车和起落架收放的综合情况。飞行员可通过两个告警灯和两个压力指示器来观察左右液压系统以及主、备份液压管路的工作情况（美国空军提供）。

两侧主起落架支柱上分别安装三个机轮以及轮胎组件。机轮为两片式铝合金组件，其可卸轮毂通过定位环与机轮底座固定。两侧主起落架机轮中心线之间的轮距为 16 ft 8 in（约 5.08 m），主机身离地高度为 70 in（约 1.78 m），发动机舱下缘离地高度为 55 in（约 1.4 m）。对于从棱角尖锐、离地高度极小的 F-4"鬼怪"战斗机转来的地勤人员而言，SR-71 较大的离地高度让飞行前检查和起飞点检查变得更加安全。

两侧主起落架机轮上各安装 3 条 27.5 in×7.5 in-16 轮胎，采用Ⅷ型无内胎轮胎，使用干燥氮气充压至 415 psi。与前起落架轮胎一样，主起落架轮胎也有磨损凹痕，但与前起落架上的Ⅶ型轮胎有所不同的是，Ⅷ型轮胎的胎面上带有红色的磨损指示线。此外，主起落架轮胎的外表面上覆有银色的化合物。这些化合物的作用是反射作战飞行剖面内轮胎所承受的热量，因此必须保持清洁。而作为双重保险，为了防止机轮在收起到位时发生灾难性故障，热安全销会在轮胎温度达到 450°F 左右时熔化，以释放轮胎压力。此外，还安装了隔热屏来限制从刹车热沉组件到机轮组件的热传递。

轮胎通过充气阀充入氮气，通过泄压阀将最大压力限制在约 540 psi 并控制放气。

▲ 前起落架将前机身撑起，离地高度约 55 in（约 1.4 m）。注意一直存在的漏油现象（保罗·F.克里克莫尔提供）。

▲ 主起落架带有 3 个Ⅷ型无内胎机轮，其用于反射热量的银色化合物部分很容易识别（保罗·F.克里克莫尔提供）。

刹车装置由液压驱动，由安装在两侧主起落架机轮上的多个静盘和动盘组件组成。飞行员轻踩两个弹簧脚蹬时，便会产生刹车压力。而启动防滑系统，则可保证最大的制动效率，飞行员可通过一个两位开关来控制防滑系统，以应对潮湿或干燥的跑道条件。最后，支柱阻尼系统可以减少主起落架支柱的前后摆动，从而改善刹车效果。

3.3 隐身特性

尽管SR-71并不是一架"隐身飞机"，但从设计之初，SR-71就考虑了低可探测性。因此，虽然主要是利用高空和高速能力来应对威胁，但SR-71还是具有一些能够降低自身雷达信号特征的特性。

面积约为 10 m² 的边条，最能体现出洛克希德公司在减小SR-71的雷达散射截面积上所进行的尝试。边条形成了扁平、脊状的侧边，从而实现了最小的雷达散射截面积。如果取消边条，则机身会呈圆柱状。这些扁平的边缘反射了绝大部分来自于地面发射机的雷达电磁波。而与之类似，飞机的方向舵也设计为向内倾斜，而非垂直，因为垂直的舵面也是强雷达反射体。

为了增强边条对发射机雷达电磁波的吸收能力，边条结构中还采用了锯齿段。利用锯齿段的形状来吸收雷达电磁波——雷达电磁波"跳跃"进入锯齿，每跳跃一次便损失一部分能量，这也就是如今人们所说的"吸波结构"。而为了进一步降低雷达反射，飞机的边条和机翼中还使用了雷达吸波材料，其中一部分为石棉。

▲ SR-71制造过程的照片，拍摄时采用了罕见的8 mm电影胶片，此前从未对外公开。注意：图中空心的三角结构将会在制造后期填入雷达吸波复合材料楔块（保罗·F.克里克莫尔提供）。

▲ 与上图相比，本图中已经安装了三角形的雷达吸波材料楔块，产生了锯齿形的效果（洛克希德·马丁公司提供）。

第 3 章
解析 SR-71

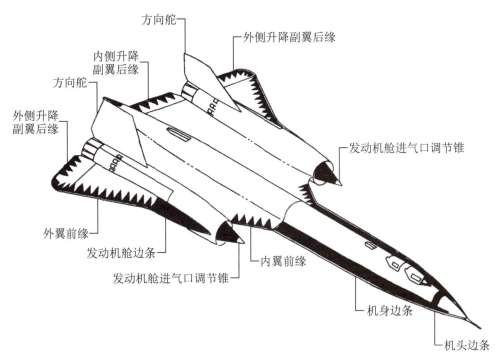

▲ SR-71A 上使用复合材料的部位示意图（美国空军提供）。

尽管采取了以上措施，但在雷达面前，SR-71 仍然是明显可见的。而且，在雷达上可以清楚地看出环境温度与 SR-71 灼热的尾焰间存在的巨大温差。因此，为了降低两管尾焰的导电性，飞机的 JP-7 燃油中添加了铯化合物（A50）。

为了降低可见光信号特征，SR-71 的表面整体涂覆了黑色的亚光涂料，但其主要用途还是散热，这在前面已经有所说明。

▲ SR-71 飞机的外形也有利于降低雷达信号特征。从整体轮廓来看更为明显，飞机的两块尾翼呈 15°内倾，有利于降低雷达散射截面积（保罗·F.克里克莫尔提供）。

69

3.4 燃油系统

"黑鸟"的燃油系统由机身油箱、机翼油箱、输油管、增压泵、阀门、控制电路及其他部件组成。燃油系统还有另外一个重要的作用,就是作为热沉,为其他系统提供冷却(见下文)。

燃油系统的核心是6组燃油箱。这些油箱占据了前机轮之后的大部分机身空间,以及两侧的内翼段。可通过自动和手动两种方式控制燃油箱的供油顺序,但由于输油和油箱的选择都会对重心(Centre of Gravity,CG)产生影响,并因此而影响飞行稳定性和最大航程,所以最好采用自动方式控制供油顺序。

"黑鸟"使用的JP-7燃油是为提高热稳定性而特制的,具有较低的汽化压力("高燃点"),在发动机起动时通过化学点火系统(Chemical Ignition System,CIS)点燃。这种特制的燃油存储在5个密封的整体油箱(1A号、1号、2号、4号、5号油箱)和一个机身/机翼融合油箱(3号油箱)中。机翼油箱向其最近的机身油箱输油,而两侧的机翼油箱又分别被分隔为6A号和6B号油箱。同时,6号油箱为一个小型集油箱。各机身油箱间通过一条气管彼此相连。

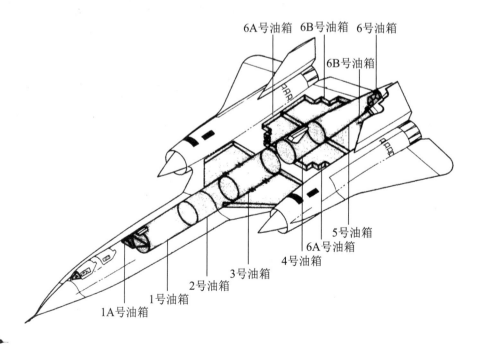

油箱容量与质量
（正常飞行高度）

油箱	燃油容量/gal （1 gal ≈ 3.785 411 8 L）	燃油质量/lb
1A	251.1	1 650
1	2 095.9	13 770
2	1 974.1	12 970
3	2 459.7	16 160
4	1 453.6	9 550
5	1 758.0	11 550
6A（前）	1 158.3	7 610
6B（后）	1 068.3	7 020
总计	12 219.2	80 280*

*燃油平均密度为 6.57 lb/gal
〔46.2°美国石油学会（标准），燃油温度=78°F〕

▲ SR-71 的油箱布置与容量（美国空军提供）。

"黑鸟"的油箱总共能够容纳 80 280 lb（约 36 447 kg）的 JP-7 燃油。通过 16 台燃油泵使燃油流动起来，输送至发动机，以及通过左、右输油管输送至散热器。此外，通过输油还可以控制重心。1 号和 4 号油箱中分别有 4 台燃油泵，而 2 号、3 号、5 号和 6 号油箱中分别有 2 台燃油泵。这些燃油泵都是单级离心交流泵，浸没在燃油中，以便散热。6A 号和 6B 号机翼油箱的燃油泵位于 6 号油箱内。为了实现多余度，8 台燃油泵与左发电机的交流汇流条连接，而另外 8 台燃油泵则与右发电机的交流汇流条相连。飞行高度较低时，飞机仅需要两

▲ 为了测试飞机在大俯仰姿态下飞行时（例如飞机爬升至巡航高度的阶段）燃油泵的前向供油的能力，采用了图中的可调试验台架来模拟 1A 号~6 号油箱（洛克希德·马丁公司提供）。

▲ 洛克希德公司对油箱结构的整体性进行了大量测试，发现油箱所用的密封胶最终会失效，导致燃油从油箱缝隙渗出（洛克希德·马丁公司提供）。

台燃油泵工作即可保证加力所需的最大燃油量,存在较大的余度。

正常情况下,左发动机由1号、2号、3号和4号油箱供油,右发动机由1号、4号、5号和6号油箱供油。尽管任一油箱都可向任一发动机交叉供油,但一般是按照自动供油顺序进行供油,即①1号、3号、6号油箱;②1号、3号、5号油箱;③3号、5号油箱;④2号、5号油箱;⑤4号油箱。

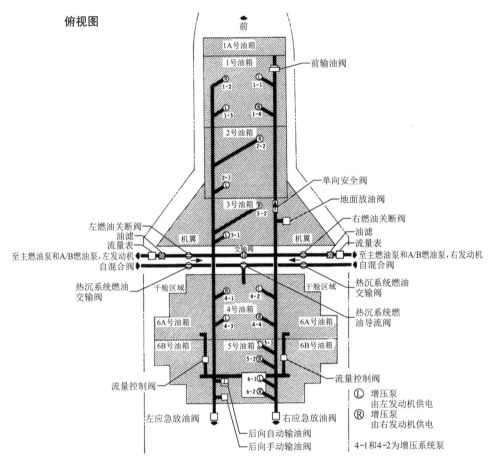

▲ 供油示意图(美国空军提供)。

为了使燃油的传输能够起到调节重心或其他方面的作用，燃油泵提供了三种后向输油速度：油门杆处于加力位置时，标准的自动后向输油速度为 65 lb/min（约 29.5 kg/min）；而其他情况下，后向输油速度为 23 lb/min（约 10.4 kg/min）。但是，在自动系统对输油过程进行优化调节时，后向输油速度可急剧提升至 233 lb/min（约 105.8 kg/min）。相反，前向输油速度始终都固定为 950 lb/min（约 431.3 kg/min）。

燃油回路提供的 JP-7 燃油可作为一部分热沉系统对多个系统和组件进行冷却。热沉系统由完全相同的左、右两通道组成，每个通道都能将低温的燃油提供至空调系统，飞机 A、B、L、R 液压系统液压油，发动机滑油以及附件驱动系统（Accessory Drive System，ADS）的散热器。此外，散热器直接对发动机风扇和旁通阀、化学点火系统的三乙基硼烷（Triethylborane，TEB）储箱以及加力燃烧室喷管的控制管路进行冷却。同时，还利用燃油对位于 2 号油箱底部的俯仰和偏航增稳系统陀螺进行冷却。

由于这种热沉结构是利用 JP-7 燃油导出各系统的热量，因此燃油自身的温度必须稳定，而这是通过燃油间的散热器实现的。这些散热器利用混合阀对热沉回路的回油进行混合，然后在回油温度降至 270°F 以下时，通过温度控制阀将回油导入发动机燃油管路。而当燃油温度超过 300°F 时，温度控制阀会通过一个交换阀和一个导流阀将燃油送回温度相对较低的油箱内。

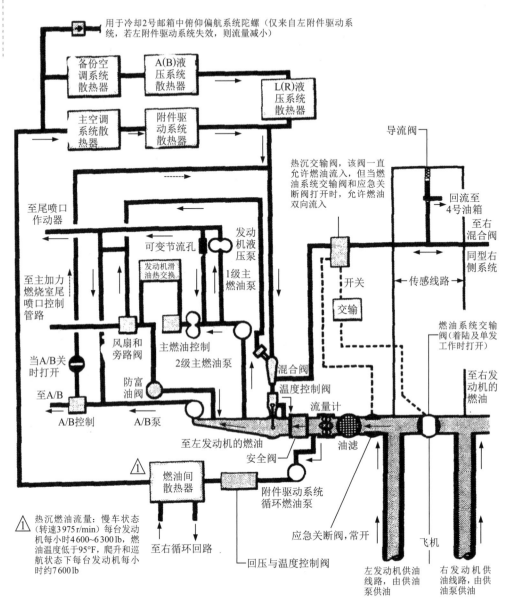

▲ "黑鸟"的燃油系统也起到了热沉的作用(美国空军提供)。

3.5　大卫·克拉克公司的压力飞行服以及配套的增压系统

两名SR-71的机组人员都会穿着大卫·克拉克公司的S1030型全压飞行服。在高度大于50 000 ft(约15 250 m)的飞行中需要使用这种飞行服,在座舱失压或高空弹射时为飞行员提供保护。"黑鸟"的SR-1弹射座椅支持零速度、零高度弹射,能够在全包线范围内使用。该座椅由洛克希德公司设计,采用火箭助推,并带有减速伞,以保持下降过程中的稳定。座椅内的气压高度表用于高度测量,以便在15 000 ft(约4 575 m)时自动进行人椅分离。

正常情况下,前后座舱将按照自动或手动选择的压力设置进行增压。两个座舱内各有一个"座舱增压"开关,可以选择10 000 ft(约3 050 m)或26 000 ft(约7 930 m)的压力设置。来自发动机热引气总管的气压会将舱盖气密系统增压至高于座舱压力20 psi,以保证座舱增压后的整体性。

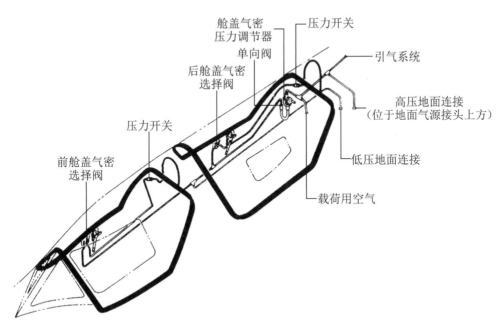

▲ SR-71舱盖气密系统(美国空军提供)。

如果在高空迅速失压,或者是需要弹射时,机组人员的压力飞行服会自动充气。尽管这种情况很少出现,但一旦发生,S1030系统必须能够正常工作,否则必定造成致命后果。

作为比尔空军基地生理保障处的教官，凯文·斯维特柯中士是一名熟悉"黑鸟"压力飞行服和生命保障系统的专家，他详细介绍了关于S1030系统的情况。

（1）压力飞行服。压力飞行服为全包覆式，足部也完全包覆，机组人员从飞行服背后带双层拉链的开口穿入，飞行服的长袖上带有金属环和连接手套的锁定机构，头部开口也带有金属环以及连接头盔的锁定机构。其他部分还包括头盔、手套和背带。其中，背带属于救生系统的一部分，在飞行服外。这套飞行服配穿标准飞行靴，但SR-71的飞行靴总体要大2~2.5码，这是为了在飞行服充气后适配足部。

飞行服本身由四层材料组成，由内向外分别如下。

内衬层：轻质绿色尼龙内衬，朝外的那一面通过按扣与飞行服的树形通气管路连接（见下文）。内衬层与特氟龙材料类似，非常平滑，与机组人员的棉质内衣摩擦小，便于飞行服的穿着。几乎在每一次飞行中，机组人员的内衣都会被汗水浸透，而内衬层还能较好地帮助吸汗和排汗。此外，内衬还起到了机组人员与环境系统（例如进气通风和分配系统）之间的光滑层的作用。内衬与飞行服的第二层通过粘扣连接，连接位置位于颈环、手环、臀部、脚踝以上的腿部以及主拉链开口处。

气囊/蓄热层：第二层有两个作用，一是作为飞行服充气和保压的主气囊，二是作为蓄热内衬。气囊包含两层独立的无孔材料，由数千个小圆圈密封在一起，充气后看起来就像被子一样。蓄热层的作用在于当机组人员逃生进入低温环境或水中时，蓄热层可以充气膨胀。除了在水中可以额外增加一些浮力外，蓄热层还可以留住热的空气，为机组人员延长45 min的救生时间，因为体温过低会危及机组人员的生命。在飞行服外层的右上裤兜里，有一根很细的黑色充气管与气囊相连，充气管上带有一个弹簧式的橡胶头阀。气囊层与拉链、颈环、手环、飞行服臀部、压力调节器以及通气入口连为一体。

外网层：外网层由网眼材料制成，构成了飞行服的整体结构，可以在飞行服充气后保持其原有形状。外网层能够让飞行服保持躯干和四肢部分的基本形状，并协助分散整个气囊层的压力，避免压迫单个部位。如果没有外网层，飞行服的躯干部位会变成一个"大球"，而四肢部位则会变成"小球"。此外，手臂、腿部、腰部等几个部位的外网层可以用拉绳进行调整,从而通过收紧或放松衣料来适应机组人员的身材。

外套层:飞行服的最后一层,由耐火、抗撕裂的黄色诺梅克斯材料制成,覆盖整套飞行服。外套层通过拉链与颈环、手环相连,通过粘扣与背部主开口、集尿装置(Urine Collection Device,UCD)组件、调节器、通气口相连。外套层的口袋位置、类型与标准飞行服一致,上面有粘扣条,供机组人员粘贴各类标志。左上臂的笔袋位置有额外的进食孔探管和橡胶塞,防止通向头盔的进食孔挡片未能关闭或未到位而导致漏出。两只袖子都带有挡片,向下翻折盖住手环组件,以防止手环损坏或由于撞击而意外解锁。左袖上缝有飞机逃生检查单,右袖上缝有伞降检查单,列出了成功从飞机逃出后需要完成的事项。

▲ 比尔基地的生理保障处内,挂着成排价值不菲的大卫·克拉克全压飞行服,每一件都是为飞行员量身定制的(保罗·F.克里克莫尔提供)。

▲ 每次飞行时,在穿上压力服之前,机组人员都要进食精选的高蛋白、低残留食物(保罗·F.克里克莫尔提供)。

▲ 在生理保障处再次归于平静的工作间内,两名技术人员正在维护大卫·克拉克S1030全压飞行服的内衬(保罗·F.克里克莫尔提供)。

除了这四层外,压力飞行服还配有树形通气管路,冷气可通过该管路散布到整件飞行服。管路由遍布飞行服的一系列坚固网状细管组成,每根管的大小约为2号铅笔的1/2,缝在尼龙套内。树形管路每一分支为三根细管平铺在一起,另有分支单独延伸至腿部、手臂、腰部一圈、背部,用于空气流通。通气管路上有一系列按扣,与尼龙内衬层上的按扣位置相同(见上文)。由于管路分支与内衬连接时可能会扣错位置,因此只有在通气管路与内衬正确扣接后,才能正确地组合好飞行服。通气管路平放在桌子上时,看起来就像是一只奇怪的蜘蛛,身体很小,腿又细又长、长短不一,以各种奇怪的角度伸向四周。

在飞行前穿上压力飞行服(保罗·F.克里克莫尔提供)

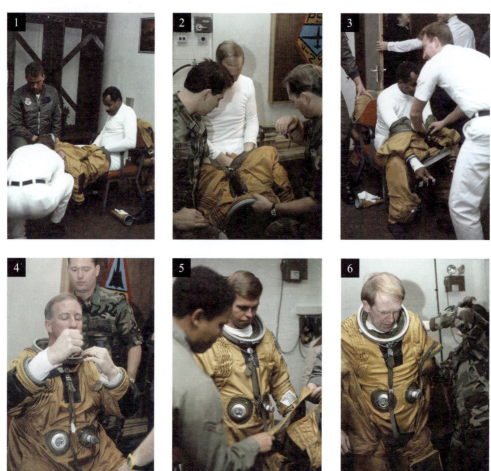

1)穿压力飞行服就像穿一件外壳,先从背后穿入,再自下而上穿上。生

理保障处的技术人员正在帮助机组人员确认加压服衣料没有起皱或打结。

2）机组人员将集尿装置与加压服连接。连好后，还要用绝缘胶带固定卡夹，起到双重保险的作用。

3）机组人员正准备将头部穿过金属颈环。生理保障处的技术人员握住压力服的背部开口上方，避免机组人员被颈环弄伤或者意外损坏压力服。

4）完全穿入压力服后，机组人员在拉上拉链前进行细微调整，确保坐着时颈部和肩部舒适。

5）机组人员踏入腿部开口处，背带往上拉到手臂能穿过的位置，然后再拉上拉链，看起来就像是没有裤子和袖子的连体服。注意加压服左边袖子上缝着白色的逃生检查单。

6）两边各有一名生理保障处的技术人员正在帮助机组人员穿好压力服背带，包括躯干背带索具以及可充气救生衣，以备水上着陆时使用（感谢凯文·斯维特柯斯提供压力飞行服穿戴的详细步骤）。

（2）头盔。与压力飞行服一样，头盔也是由不同的部分组成的。头盔的外壳由玻璃纤维制成，带有金属环，通过"卡爪"与飞行服的颈环锁定。"卡爪"由80多个独立的弹簧锁组成，头盔完全嵌入飞行服的颈环后锁定到位。头盔的转动没有止动点，因此理论上可以向两个方向360°自由旋转。

头盔包含了两个完全不同的部分。首先是前部，也就是飞行员面部所在的位置。头盔前部与后部之间通过隐藏式氯丁橡胶端面密封条紧密密封。头盔外壳前部有很大的开口，为飞行员提供了不受限制的视野。开口周边有细细的灰色橡胶条，橡胶条上有上百个针头大小的小孔，供氧气进入面腔。氧气并不是直接吹向面部，而是穿过"透明"的面罩，这一方面是为了避免氧气直接吹向眼睛，另一方面也可以除掉飞行员呼吸所产生的湿热雾气。在这里，之所以要给"透明"一词加上引号，是因为面罩并非是透明的！实际上，面罩玻璃上带有薄薄的一层黄金。这其实是平铺在面罩玻璃上的无数金属丝，这些金属丝是头盔面部加热系统的最后一部分。在面部加热系统中使用黄金，是因为这种金属在低温下具有极佳的导热能力。面罩需要有足够的热量来除雾并避免结雾，同时还不能让机组人员感觉到热，因此使用了实打实的黄金！

面罩上有一根细细的电线与通信端口相连，同时，面罩从头盔内部与通信系统集成。头盔的外层/第二层面罩是遮光罩，呈深绿色，本质上跟一副大号墨镜差不多,跟电焊工面罩的颜色一样深。

遮光罩的结构很简单,可以用手抬起或放下,可以置于全开和全闭之间的任一位置。而面罩则完全不同,面罩通过锁定机构与头盔相连,只能全开或全闭。要锁定面罩,必须完全放下锁定杆,钩住面部开口下方中间像钩子一样的小锁扣,然后拉下另一根杆,将安全锁完全锁定。如果听到或感觉到两次锁定到位的"咔哒"声,则表明锁定杆和安全锁均已锁好。锁定杆扣好后,面罩将无法打开。头盔左侧,锁定杆的转轴处有一个白色的特氟龙小插销。面罩打开时,插销松开;锁定杆放下并锁定时,插销压下。这个插销非常重要,专门用于接通或断开氧气调节器,以便开始或停止向面腔送氧。

头盔左侧、面部开口正下方有一个圆形旋钮,用于在面罩关闭时调整头盔麦克风。注意,面罩关闭后,飞行员将开始"预吸氧"(清除系统中的氮气),在任务结束并下降至 10 000 ft 以下前,不允许打开面罩。

头盔右侧、距中心 1.5 in 的位置有一个进食孔,尺寸与粗吸管相当,带有一个弹簧挡片。机组人员可以通过这个孔插入软管,喝水或食用管喂食物,而不会漏出。管喂食物呈糊状,装在铝管中,大小和形状跟普通的牙膏一样。

头盔外壳后部左外侧,麦克风调整旋钮后方约 2 in 处,有一个黑色圆盘。这个圆盘是防窒息设备的盖子,即"防窒息阀",这也是作为一种救生手段,将环境空气引入飞行服的唯一通道。头盔开口处有一片直径约 1.25 in 的特氟龙圆形挡片。这一设计的原理是,当机组人员失去氧气时,需要用力吸气,使弹簧压缩,从而让空气进入面腔。

头盔右侧,朝向右后方,大致与头部中心水平处还有一个称为收紧卷轴的部件。卷轴与线轴连接,线轴上绕有线,与氯丁橡胶端面密封条的多个点连接,并穿过头盔内侧的多个小孔。这个系统用于拉紧端面密封条,使其与端面紧贴,防止头盔两个腔体之间出现任何形式的泄漏。在非常靠后的正中位置有两根氧气软管,通过座椅套件将飞行服的氧气系统与飞机的供氧系统连接起来。

面腔之后的头盔属于全压飞行服自身整体的一部分。当面腔保持约为 1∶1 的压力比时(即等同于在地面呼吸的效果),后半部分头盔和飞行服即使为全充气状态,也仍然承受着约 32 000 ft 高度的大气压力。尽管机组人员的身体维持在安全的大气压力下,但如果没有 100% 纯氧的帮助,长时间暴露在这样的压力下仍然会有致命的危险。

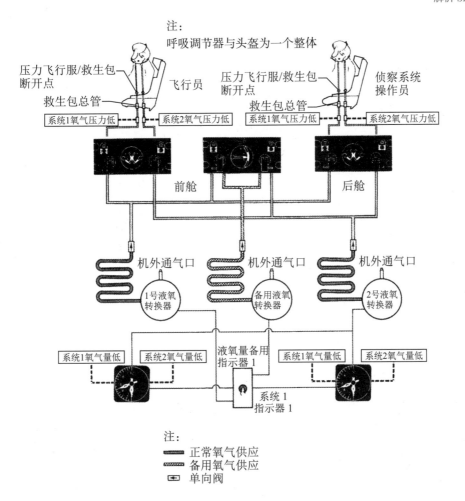

▲ SR-71机组人员氧气系统原理图(美国空军提供)。

头盔内有一层硬海绵泡沫材料制成的内衬层,由尼龙材料包裹。该内衬层内有通信系统的耳机,其中一根通信线缆与头盔内的另一根线缆相连,而头盔内的这根线缆与一个插头集成,连接至飞机的主系统。头盔的内衬层通过一块直径约 3.5 in 的粘扣固定在头盔外壳的顶部。如果头盔和内衬层的粘扣未能准确贴合,就会形成一个"麻烦区",也就是机组人员头顶上某个点,一段时间过后会感觉像是有人用手指使劲按压这个点。刚开始时只是不舒服,但几小时过后就会感觉很痛。

机组人员最后的准备工作（保罗·F.克里克莫尔提供）

1）眼镜通过头盔与颈环的连接被卡在固定位置上，防止在空中移位。

2）在面罩关闭前的几分钟，"黑鸟"的飞行员看起来就像躺在医院的病人一样。

3）但此时应当放下锁定杆，将面罩置于恰当位置，按规定进行预吸氧。

4）当面罩锁定在关闭位置后，应系紧系带，防止空中压力飞行服充气后颈环上升而遮挡视线。

5）/6）预吸氧开始，检查头盔正常工作后，压力飞行服会完全充气以确认是否有泄漏。

7）确认所有系统已做好飞行准备后，飞行员躺在生理保障处客车的皮椅上，被送至等待他们的"黑鸟"飞机处。

8）在多名生理保障处技术人员与备份机组人员的帮助下，飞行员背负着重达几十千克的救生衣、压力飞行服以及设备，艰难笨拙地进入飞机。

（3）手套。尽管没有飞行服或头盔那么复杂，但手套对于机组人员的生存也同样非常重要。手套主要包括三个部分：气囊、外层和手环。气囊就是一副工业橡胶手套，很像打扫卫生时使用的那种手套。气囊的指尖有一块小小的拼接条，可以与外层里面指尖上的其他拼接条缝合在一起，以避免手指扭曲，同时便于手套的穿脱。气囊开口处有橡胶翻边，用于将外层、气囊和手环硬件结合在一起。手套外层的手背部分采用了与飞行服外套层相同的诺梅克斯材料，而手掌部分则为黑色翻皮材质。手背部分还有两根束带，拉紧后可保持手套外形，避免手套充气后膨胀得像气球一样。

硬件还包括手套末端的手环，其可以完全嵌入飞行服的袖子，并且可以像头盔一样360°自由旋转。气囊通过胶带、胶水与手环内侧黏合，不仅保证了气密性，并且非常牢固。硬件连接处拧入了一个小环，夹在整个手套的气囊和外层之间，将整个手套连接起来。

3.6　温度控制与环境控制系统

大多数飞机都是利用来自外部的冲压空气对航电系统和其他重要部件进行冷却的。但是，使用SR-71的环境条件非常严酷，冲压空气的温度可能超过400°C！此外，由于飞行高度极高，环境静压可能会低于1/3 psi，这就意味着不管是不是冷空气，气流量都不足以用于冷却。

鉴于此，在没有有效的冲压空气系统的情况下，SR-71的环境控制系统（Environmental Control System，ECS）必须具备非常强大的能力。环境控制系统由三个子系统组成：空气循环与分配系统、温度控制系统以及增压系统。环境控制系统负责对多个系统进行冷却，包括各个载荷设备舱、天文惯性导航系统以及飞行员和侦察系统操作员的压力飞行服。

高压发动机引气来自于第九级压气机，先由空气-空气散热器冷却，然后通过主空气-燃油散热器进行进一步冷却。此时的空气仍然只是部分冷却，因此仍然被看作为热空气。之后，热空气会通过过滤器，去除可能对系统部件造成损伤的油液、化学物质和灰尘颗粒。最后,两根总管(一条热路和一条冷路)会将空气分配至相关部件。例如,热空气送至风挡防冰通气口,冷空气送至压力飞行服。

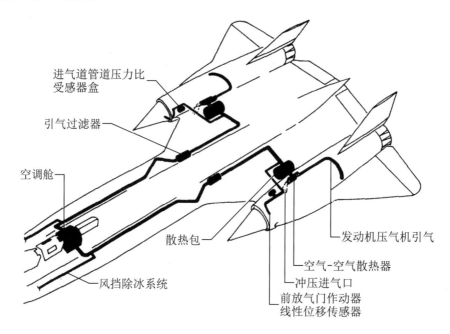

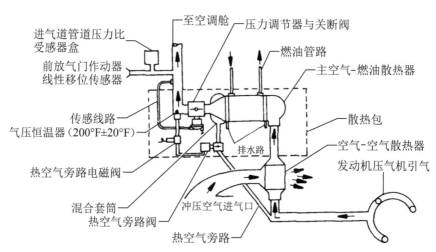

▲ SR-71含有热空气与冷空气系统,本原理图对热空气系统管路进行了说明(美国空军提供)。

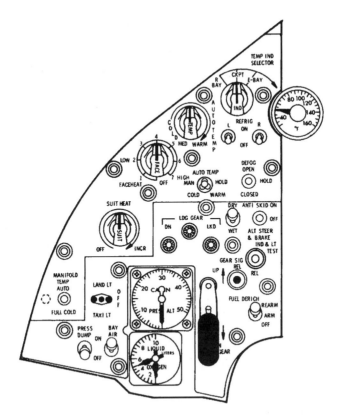

▲ 飞行员环境控制系统控制(美国空军提供)。

3.7 电气、通信与导航系统

SR-71强大的电气系统由两台60 kV·A交流发电机供电。系统配备了变压整流器来提供直流电源,另带有备用变流器和双蓄电池,分别提供应急交流电和直流电。

电气系统为一系列通信设备供电,包括机内通话系统以及高频(HF)、甚高频(VHF)和双超高频(UHF)收发机,其中双超高频收发机自带定向能力。电气系统还为无线电导航设备供电,包括仪表着陆系统(Instrument Landing System,ILS)接收机以及战术空中导航系统(Tactical Air Navigation,TACAN)收发机。前后座舱都带有地图投影仪,能够提供导航和通信数据,以协助完成特定任务。此外,SR-71A的前座舱内还装有一具潜望镜,飞行员可用其观察后方的机身、机翼和发动机舱的顶部,从而对方向舵的对称性和进气道中心锥的位置进行目视检查,以及对威胁目标和凝结尾迹进行查看。

SR-71任务的敏感性要求导航必须极其精准。导航的精确和可靠能够避免飞机因误入他国领空而引起外交事件,降低飞机暴露于敌方威胁系统下的可能,并为侦察传感器提供精确的提示。为此,SR-71安装了一套NAS-14天文惯性导航系统(Astro Inertial Navigation System,AINS)和一套惯性导航系统(Inertial Navigation System,INS),两者都由后舱控制。

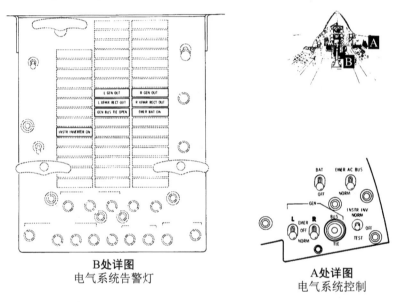

B处详图
电气系统告警灯

A处详图
电气系统控制

▲ 前舱电气系统控制(美国空军提供)。

NAS-14系统由诺导电子公司研制,主工作模式为采用陀螺稳定惯性平台感知飞机运动,同时对至少3个可辨认星体进行跟踪(即使是在白天),以此确定当前位置,并避免出现导航误差。

天文惯性导航系统的精度以圆概率误差(Circular Error of Probability,CEP)衡量,对于时长10 h或以上的任务,圆概率误差保持在0.5 n mile。而事实上,根据飞行员的报告,依靠天文惯性导航系统进行导航,飞机可以保持在预定航迹的数百米之内。

天文惯性导航系统由侦察系统操作员通过后舱内的控制面板进行操作。控制面板上带有文字和数字显示,能够连续显示飞机当前的经纬度以及其他导航相关数据。而更重要的是，天文惯性导航系统和惯性导航系统均可与自动驾驶系统结合，飞行员只需监控飞机航路，无需亲自动手。在这种工作模式下，天文惯性导航系统或惯性导航系统将为自动驾驶系统提供操纵输入，而自动驾驶系统将会为数字式自动飞行与进气道控制系统（Digital Automatic Flight and Inlet Control System，DAFICS）提供输入，得到所需的飞控舵面偏转量，让飞机保持在预定航迹上飞行，即飞行员所说的"黑线"。简而言之，飞行员打开自动驾驶系统的"自动导航"模式后，飞机将会自主飞行。同时，飞行员则作为系统管理员，只需要检查导航以及飞机的其他系统是否工作正常。当然，在需要的情况下，飞行员也可进行干预，手动驾驶。

任务开始前，飞行规划已经加载到天文惯性导航系统和惯性导航系统中，但侦察系统操作员也可以通过控制面板在飞行前或飞行过程中进行修改。飞行规划包括起始点、中间点和结束点，每个点都代表存储在天文惯性导航系统中的一个特定地理位置，以经度、纬度、海拔高度以及其他相关数据给出。

中间点也称为目标点（Destination Point，DP），每个点代表一个任务航段的结束点。天文惯性导航系统会操纵飞机飞向这些目标点，并根据飞机的地速计算出飞机应当何时开始柔和转向，以进入下一个任务航段。还有一类点称为固定点（Fix Point，FP），飞行员利用这些点来目视检查导航精度。如果发现任何位置误差，飞行员可以相应地对天文惯性导航系统进行更新。

最后是对应于精确地理位置的控制点（Control Point，CP），飞机不会飞过这些点，而是与其平行。因此，当飞机接近一个与控制点平行的位置时，天文惯性导航系统会向侦察载荷设备（即用于搜集任务图像的相机和传感器）发出打开或关闭、工作、模式控制或其他指令。例如，假设01号控制点（CP01）代表某不友好国家领空内一个需要关注的位置。如果SR-71的机组成员希望对这个位置进行照相，那么就应该保持在与这个位置平行的国际空域内飞行，然后天文惯性导航系统会适时自动提示相应的传感器开始工作。

图例：
目标点：D------
控制点：C------

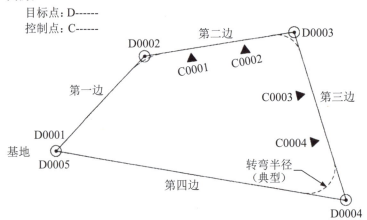

▲ 天文惯性导航系统飞行计划示例（美国空军提供）。

▲ 这两副图所示为侦察系统操作员的右面板，包括天文惯性导航系统与传感器控制装置。左侧是一张罕见的训练任务图片：天文惯性导航系统上显示的经纬度位于新墨西哥州查马村庄西部，地速为1 694 mile/h（约2 725 km/h）。右侧为模拟器图片，从中可看出天文惯性导航系统控制板下方的传感器控制装置（保罗·F.克里克莫尔提供）。

　　机组人员也可以选择让天文惯性导航系统为"黑鸟"的各种航电设备提供飞机高度、航向以及航路数据。在前舱内，天文惯性导航系统可以为数字式自动飞行与进气道控制系统控制的自动驾驶与增稳系统、水平位置指示器（Horizontal Situation Indicator，HSI）、航姿指示器和外部视景显示器提供提示。在侦察系统操作员座舱内，天文惯性导航系统可以为水平位置指示器和航姿指示器提供提示。

相对于天文惯性导航系统，惯性导航系统只是作为备份导航系统，其圆概率误差为 1 n mile/h，低于天文惯性导航系统。与天文惯性导航系统一样，惯性导航系统也是通过后舱的控制面板进行控制。

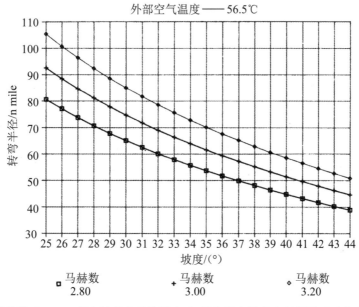

▲ 在研究马赫数对SR-71高空转弯半径的影响后，就会明白转弯点必须及时且准确的重要性。在高马赫数速度下，进入转弯过迟或转弯角度过小都会导致对他国领空的严重非法入侵（美国空军提供）。

3.8 飞控装置

作为一款典型的三角翼飞机，SR-71 的两侧机翼后缘都带有升降副翼。升降副翼是能够同时发挥升降舵和副翼作用的舵面，提供纵向和横向的控制和稳定性。A、B液压系统分别为飞控系统提供一半的液压动力。两套液压系统都能为舵面运动提供足够的动力，在部分液压系统失效时则互为余度。

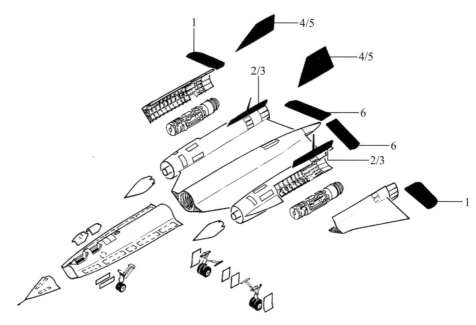

▲ SR-71维护手册原理图中飞机飞控舵面的位置(美国空军提供)。

1—外侧升降副翼（左侧、右侧）；
2—短尾翼（左侧、右侧）；
3—尾翼连接角片；
4—方向舵（塑料材质）；
5—方向舵（金属材质）；
6—内侧升降副翼

机身两侧各有两块升降副翼，分别位于发动机舱内外两侧，外侧升降副翼随动于内侧升降副翼。所有升降副翼等量同向上下偏转，可改变飞机的俯仰姿态，而飞机两侧升降副翼等量反向偏转，则飞机滚转。若飞行员给出滚转俯仰组合指令，则两侧升降副翼将会不等量反向偏转。飞机装有机械限位器，用于限制升降副翼控制俯仰的运动，从而确保有足够的差动行程进行滚转控制。内侧升降副翼的总行程为+35°~-20°，外侧升降副翼的总行程为+35°~-35°。

"黑鸟"的飞控舵面偏转通过一套液压机械飞控系统进行控制：液压作动器响应于液压伺服机构，改变升降副翼和方向舵的位置。伺服机构通过操纵钢索和连杆控制，而操纵钢索和连杆则连接至飞行员驾驶杆和方向舵脚蹬。由于舵面伺服机构不会将气动载荷传回到座舱内的控制装置，所以驾驶杆底座配装了人工载荷弹簧，为飞行员提供一种人工的阻力感受，感受程度与驾驶杆行程成正比。飞行员通过操纵驾驶杆和方向舵脚蹬可以控制舵面运动，而数字式自动飞行与进气道控制系统中的自动飞行控制系统(Automatic Flight Control System,AFCS)也可提供电子控制。自动飞行控制系统包括一套自动驾驶仪以及一套增稳系统。

每个发动机舱的后上部都装有两个四面体形状的垂直尾翼,提供航向控制和航向稳定性。这些方向舵同步运动,可以左右偏转40°进行偏航控制。四个液压作动器通过轴臂驱动方向舵运动,A、B液压系统各为两个作动器提供动力。

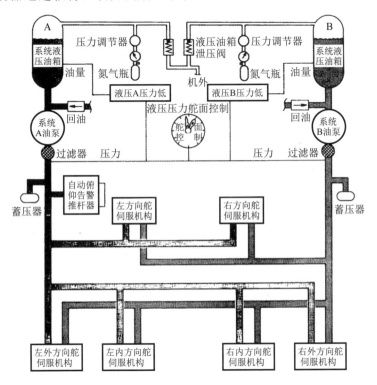

▲ 飞控舵面控制原理图。

如果两个方向舵不同步,飞行员可以按下左操纵台上的"方向舵同步"开关,对两个方向舵进行对齐。通过前舱内的仪表,以及通过飞行员潜望镜目视检查,可以确定方向舵是否同步。与升降副翼类似,方向舵也可响应来自数字式自动飞行与进气道控制系统的偏航增稳系统电路信号进行电动偏转。

在SR-71加速至作战速度的过程中,飞行员可以对飞控装置的运动总行程进行人工限制。这样可以避免气动载荷过大,从而防止飞控舵面和机体承受过大的应力。因此,当速度大于0.5马赫时,外侧升降副翼(控制滚转)和方向舵将受到限制。通过飞行员驾驶杆前方控制台上的"舵面限制解除"手柄，可以将方向舵行程机械限制在中立位置左右20°，将升降副翼差动行程限制为7°。压下手柄，方向舵和升降副翼的滚转行程将受限；拉起手柄，二者恢复正常行程。如果在当前的速度下，手柄位置错误，"舵面限位器"告警灯会向飞行员发出告警。

"黑鸟"的飞控装置都可进行配平输入。首先打开飞行员的"配平"开关，然后操纵驾驶杆上的"偏航－俯仰配平"开关。左操纵台上有一个单独的"滚转配平"开关，用于飞机的滚转配平。飞行员仪表板上带有单独的俯仰指示器和滚转指示器，以便飞行员检查当前的配平量。方向舵可以左右配平10°。俯仰配平将使所有升降副翼同向偏转，而滚转配平将使飞机两侧的升降副翼反向偏转（例如左侧向上、右侧向下）。俯仰配平作动器带有高速和低速两个电机，其中高速电机响应飞行员的配平输入，低速电机响应自动飞行控制系统的自动驾驶配平输入和马赫数配平输入。

最后，除了飞行员在俯仰轴上的输入外，如果出现了迎角和俯仰角速度状态可能导致飞行不受控的情况，自动俯仰告警系统（属于数字式自动飞行与进气道控制系统的一部分，见下文）也会发挥作用。

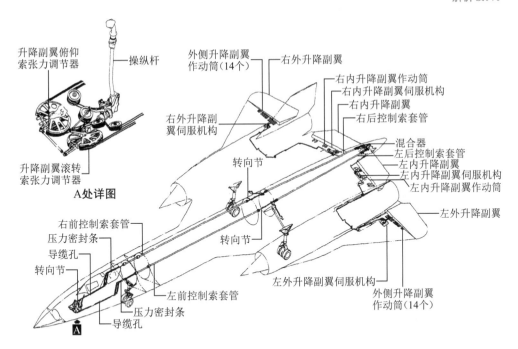
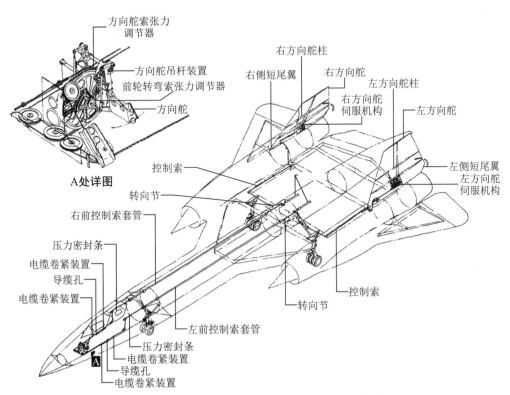

▲ 升降副翼与方向舵控制机构（美国空军提供）。

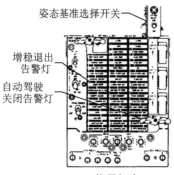

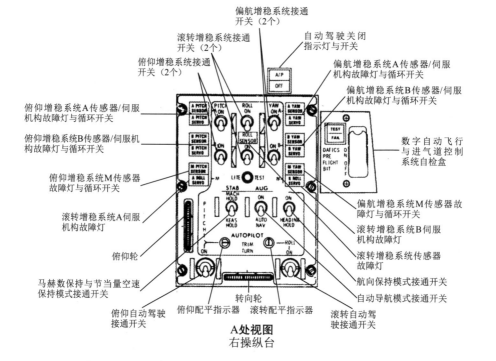

第 3 章
解析 SR-71

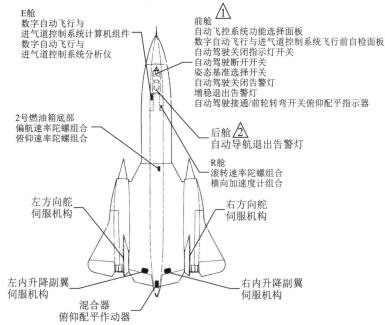

▲ 自动飞行控制系统的位置与组成（美国空军提供）。

▲ 在米尔登霍尔皇家空军基地拍摄的戏剧性一幕，展示了 SR-71 两个方向舵的最大运动行程。打开的减速伞舱门表明这只"黑鸟"刚刚从一次作战任务中归来（保罗·F.克里克莫尔提供）。

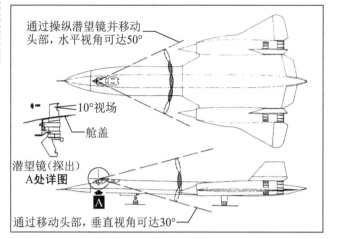

▲ 飞行员使用潜望镜来目视检查进气口中心锥与方向舵的位置,以及飞机是否产生了泄露其行踪的凝结尾迹(美国空军及保罗·F.克里克莫尔提供)。

3.9 数字式自动飞行与进气道控制系统

数字式自动飞行与进气道控制系统是"黑鸟"飞行控制系统的核心,由四个功能彼此独立的数字计算机子系统以及一个计算机分析仪子系统组成。

数字计算机子系统包括大气数据系统(Air Data System,ADS)、自动飞行控制系统、自动俯仰告警(Automatic Pitch Warning,APW)系统以及进气道控制系统(Air Inlet Control System,AICS)。计算机分析仪子系统则用于辅助整个数字式自动飞行与进气道控制系统的维护。

数字式自动飞行与进气道控制系统的主要部件包括用于执行计算的计算机组件,用于启动测定飞行准备状态的综合自检测程序的飞行前自检测(Built-In Test,BIT)面板,以及用于对系统性能快速进行飞行后分析和维护分析的数字式自动飞行与进气道控制系统分析仪。

数字式自动飞行与进气道控制系统计算机组件包含了3个独立的数字计算机单元,均为外场可更换件,也称为"黑盒子"。A、B、M这3台计算机承担了数字式自动飞行与进气道控制系统所有的计算工作和功能。飞行员告警灯面板上的故障指示灯可以显示计算机是否正常工作。如果某台计算机工作不正常,飞行员可以通过中央操纵台上3个带保护盖的复位开关对计算机进行复位。

数字式自动飞行与进气道控制系统有两种工作模式：地面检测（维护）模式和飞行（作战）模式。其中，地面检测模式在初始暖车、飞行前自检，以及任何需要系统分析仪工作的情况下使用；其他情况下则使用飞行模式，包括飞机事实上在地面的情况。在飞行模式下，计算机将持续自检。如果出现故障，相应的"计算机故障"警告灯将亮起，向飞行员告警。出现这种情况时，系统将转为使用其他正常工作的计算机。

大气数据系统利用全静压系统产生的气压（全压、静压、迎角和侧滑角）来生成节当量空速（Knots Equivalent Air Speed，KEAS）、高度、马赫数、真空速（True Air Speed，TAS）、α（迎角）和β（侧滑角）等信号。同时，大气数据系统将向自动飞行控制系统提供增益状态以及节当量空速和马赫数的函数，向自动俯仰告警系统提供迎角和马赫数的函数，向进气道控制系统提供迎角、侧滑角和马赫数的函数。

全压和静压将由全静压管发送至飞行员的压力表。同时，除了全静压管的迎角/侧滑角传感器测量得到的迎角/侧滑角压力外，全压和静压也会一并发送给位于左侧边条内的压力传感器组件。压力传感器组件具有全压、静压和迎角信号的三余度通道，会将压力输入转换为数值，提供给数字式自动飞行与进气道控制系统计算机。3台计算机对所有压力进行分析后，将根据需要点亮相应的状态灯和指示灯。例如，如果出现了不正常的高速或低速状态，节当量空速告警灯将会亮起。

前后座舱都有三联显示指示器，可以提供飞机高度、节当量空速、马赫数和真空速的数字读数，这些数据也会发送至地图投影仪模块。地图投影仪模块将发出驱动信号，以控制进入前后座舱地图投影仪的胶片速度和方向。这样，飞行员和侦察系统操作员就可以在座舱内查看移动的地图，并判断自己是否偏离了地面航迹的所有重要"黑线"。三联显示指示器上的高度读数会发送至敌我识别（Identification Friend-or-Foe，IFF）应答机进行高度编码，而高度和真空速信号会发送至天文惯性导航系统作为参考信号。

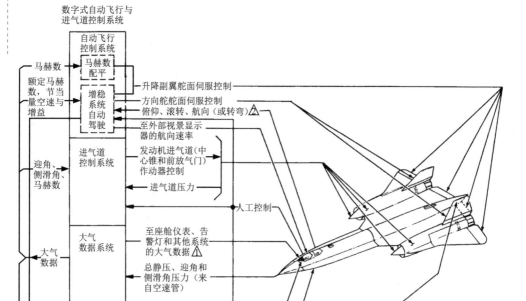

注：

⚠ 大气数据系统输出至：
三联显示指示器(节当量空速、高度、马赫数)；
敌我识别(高度)；
天体惯导系统(高度、真空速)；
压气机进气口压力指示系统(节当量空速、马赫数)；
舵面限位器告警灯线路(马赫数)；
迎角指示系统(迎角)；
节当量空速告警灯线路(低/高节当量空速)；
内话系统(低节当量空速告警)。

⚠ 来自天体惯导系统或惯导系统的姿态和航向信号
(只有天体惯导系统提供转弯信号)。

第 3 章

解析 SR-71

前舱

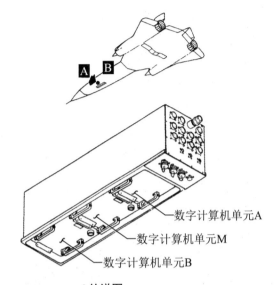

数字计算机单元A
数字计算机单元M
数字计算机单元B

D处详图
数字式自动飞行与进气道
控制系统自检面板

A处详图
数字式自动飞行与进气道
控制系统计算机组件（E舱）⚠

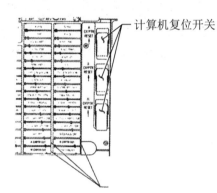

计算机复位开关

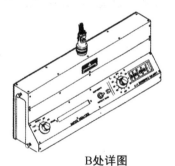

C处详图
数字式自动飞行与进气道控制
系统计算机告警灯及复位开关

B处详图
数字式自动飞行与进气道
控制系统分析仪（E舱）

注意：
⚠ 图中计算机组件中数字计算机单元盖板已拆除。

▲ 数字式自动飞行与进气道控制系统组件与框图（美国空军提供）。

洛克希德SR-71"黑鸟"完全手册

▲ 三联显示指示器(位于图示SR-71A前舱驾驶杆的左上方)显示高度、节当量空速、马赫数、真空速的数字读数。注意,地图投影仪就位于驾驶杆的正后方、水平位置指示器的下方(保罗·F.克里克莫尔提供)。

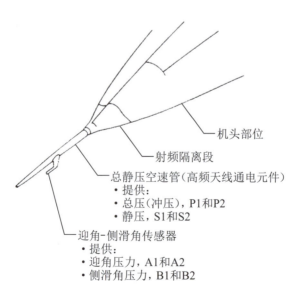

▲ 空速管除提供飞行关键的总静压外,还兼作一根通电的高频天线(美国空军提供)。

3.10　传感器与载荷

"黑鸟"能够携带多种相机和传感器，主要分为三大类：光学、雷达以及电子情报/信号情报。可携带的最大任务载荷组件尺寸为 16 in×17 in×92 in（约 406 mm×432 mm×2 337 mm），最大质量 900 lb（约 409 kg），全部由环境控制系统提供空气冷却。

"黑鸟"传感器的更新换代是一个循环的过程。1969—1974 年间在比尔空军基地担任 SR-71 地勤组长的利兰·R.海恩斯军士长写道："随着能力的提升以及相机分辨率的提高，传感器一直在进行改进和升级。开始执行作战任务的最初几年，安装的是一套红外系统，但 1970 年前后就淘汰了。需要注意的是，很多传感器都是 SR-71 专用的，尺寸必须适合 SR-71 的任务舱。大部分情况下，各种传感器都有相应的技术代表驻守在加利福利亚州的比尔空军基地现场，负责提供相关设备的专业知识以及解决问题。"

这些传感器所安装部位的正式名称是内部载荷区，主要分布在三个区域：飞机前机身两侧的机身边条内，前轮舱前方的一个小舱内（C舱）以及最多可装载 550 lb（约 250 kg）设备的可拆卸机头段内。除了C舱，载荷设备可以两种方式安装。第一种方式是通过专门设计的接头"硬装"在舱内的腹板或侧壁上。在这种方式中，是先将设备装入舱内，然后再将舱门固定到位。第二种方式是直接将设备装到舱门上，舱门和设备一起装入舱内。除了M舱，载荷设备都可以通过第二种方式安装到所有的设备舱舱门上。而在M舱的舱门上安装设备时，则需要改装舱门，制造新的铰链零件。在C舱安装设备时，是通过C舱外侧腹板上的滑轨将设备推入舱内。

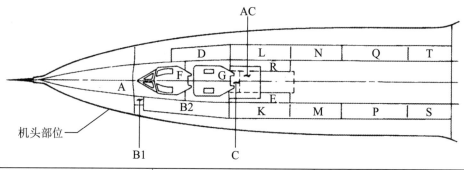

舱室编码	机身舱室	舱室全称
AC	AC 舱	空调舱
B1	B1 舱	压力受感器组件舱
B2	B2 舱	液压与第三液氮系统舱 ⚠1
C	C 舱	中央舱
D	D 舱	右脊背舱 ⚠2
E	E 舱	电气设备舱
K	K 舱	左前载荷设备舱前端
L	L 舱	右前载荷设备舱前端
M	M 舱	左前载荷设备舱后端
N	N 舱	右前载荷设备舱后端
P	P 舱	左后载荷设备舱前端
Q	Q 舱	右后载荷设备舱前端
R	R 舱	无线电设备舱
S	S 舱	左后载荷设备舱后端
T	T 舱	右后载荷设备舱后端

注：

⚠1 第三液氮系统仅 SR-71A 有。

⚠2 仅 SR-71 有。

3 除了 AC、B1、B2 和 E 舱外，所有标示出的区域，包括 R 舱的大部分空间都可以安装内部载荷。

第 3 章
解析 SR-71

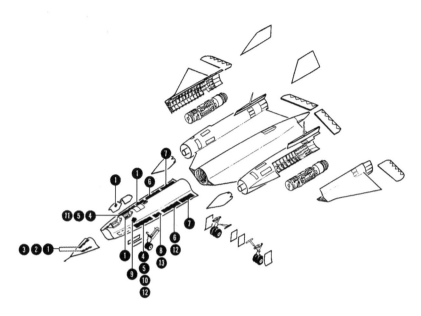

全机顶层装配图（4AF250 2001及以上）		
全机顶层装配图（6AF250 仅2000）		
	图号	描述
	4AT100	基本设备仪表
1	4AT1001	雷达系统套件
	4AT295	雷达机头
	4AT296	轻型机头
2	4AT1009	雷达机头压舱套件
3	4AT1010	轻型机头压舱套件
4	4AT1003	应急系统套件
5	4AT1008	前脊背舱前部压舱套件
6	4AT1004	技术目标照相机套件
10	4AT1007	DEF自防御系统套件
7	4AT1005	作战目标照相机套件
11	4AT1011	DEF D系统套件
8	4AT1006	红外照相机套件
12	4AT1012	DEF F系统套件
9	4AT1002	地形照相机套件
13	4AT1013	DEF E任务设备套件

▲ 各个载荷舱(正式名为内部载荷区)的位置与名称示意图(美国空军提供)。

根据不同任务的需求，飞机可以选装三种机头段："轻质"机头用于装载常规载荷；光学全景相机（Optical Bar Camera，OBC）机头用于装载各种下视光学相机；先进合成孔径雷达系统（Advanced Synthetic Aperture Radar System，ASARS）机头专门用于装载侧视机载雷达（Sideways Looking Airborne Radar，SLAR）。

对于后两种机头段，海恩斯写道："这两种机头在空速管后约20 cm处的边条上都有凸起的天线罩，用于安装DEF A系列自防御系统。如果一切顺利，从普通配重机头或光学全景相机机头换成侧视机载雷达机头只需要不到2 h的时间。机头通过四枚插销螺栓固定。更换机头时最耗时的工作是用合适的力拉紧锁销，这只能在合上锁销时自己去感觉，'感觉够紧'就行了。如果太松，则需要'拉出机头并更换插销螺栓'。"

轻质机头内有一个设备舱，可以从机头段的后端进入。载荷设备安装在一个托盘的上下，托盘则由安装在机头内两侧的导轨支撑。因此，只需要将托盘推入机头，就可以完成载荷的安装。先进合成孔径雷达系统机头的顶部有一个单设备舱，底部还有一个更大的舱。这种机头采用了聚酰亚胺和宇航石英材料的全硬壳式结构，X波段的透射率很高。最后，光学全景相机机头只有一个单设备舱，可以通过下方的舱口进入。载荷设备可以安装在舱口上，然后向上装入机头，或者也可以硬装在机头内。

至于传感器，雷达和电子情报/信号情报类中主要包括四种设备：电磁侦察系统（Electro Magnetic Reconnaissance System，EMR）、先进合成孔径雷达系统（ASARS-1）、数据链系统以及AR1700记录系统。

电磁侦察系统对飞机左右两侧远至地平线的大部分雷达频谱进行扫描，并在飞行过程中通过数据链将数字化的信息下传。这能够让地面指挥官获得近实时的情报。ASARS-1是由固特异航空系统公司研制的一种在9 600 MHz频率上工作的高分辨率雷达成像系统，能够对垂直于飞机地面航迹的左右两侧地形进行数字成像。在两种聚束模式下，雷达可以向前后30°范围内"斜视"。在80 000 ft（约24 400 m）及以上高度，雷达在搜索模式下可以覆盖10 n mile的区域，覆盖地面航迹左、右单侧100 n mile。在聚束模式下，雷达可以对宽1 n mile、长1/3 n mile的矩形区域进行扫描，覆盖地面航迹单侧85 n mile。

第 3 章

解析 SR-71

▲ 可拆卸机头段分为三种类型,可以根据任务需求进行选择。两图中都能看到轻微隆起的DEFA自防御系统球形鼓包(保罗·F.克里克莫尔提供)。

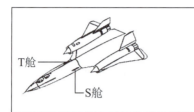
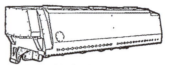

图为左电磁侦察系统舱(S舱)，右电磁侦察系统舱(T舱)与其类似

▲ 电磁侦察系统为一台电子监听传感器，可以到达视距外的区域(美国空军提供)。

先进合成孔径雷达系统包括三个主要组件：先进合成孔径雷达系统机头内的天线和接收机，通常安装在L舱门上的计算机和数据处理器，以及前后座舱的飞行中处理器和显示屏。与电磁侦察系统一样，ASARS-1获得的情报信息也可在飞行过程中下传至地面站。数据链本身分为两部分安装：天线安装在C舱下方的球形天线罩里，电子设备安装在L舱内。DEF自防御系统由各种干扰系统组成，根据不同的任务需求一般安装在D舱、K舱或P舱内，AR1700记录系统也属于整个DEF自防御系统中的一部分。AR1700系统会将威胁目标发射装置的电子信号以及本机的自防御系统数据一起记录到14轨的模拟磁带上，供之后进行分析，对系统进行维护。

DCRsi电子与磁带运输组件(位于L舱门上)

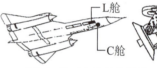

天线(C舱下方的天线罩内)

▲ 通过数据链，"黑鸟"拥有了非常重要的近实时能力——其数字侦察数据可以进行高速下传、处理，并传至军方和政界领导处(美国空军和保罗·F.克里克莫尔提供)。

第 3 章

解析 SR-71

▲ 先进合成孔径雷达系统机头从后下方看上去平平无奇，但其内部包含的雷达性能强大，能够穿透黑夜与恶劣天气捕捉到令人惊叹的目标图像（保罗·F.克里克莫尔和美国空军提供）。

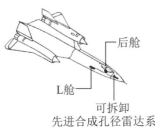

可拆卸
先进合成孔径雷达系统机头

天线、发信机、接收机等
（可拆卸先进合成孔径雷达系统机头）

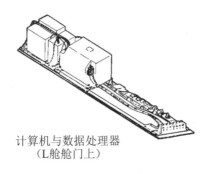

计算机与数据处理器
（L舱舱门上）

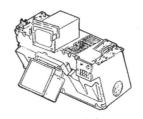

空中处理器与显示器、地图投影仪屏幕
（后舱前端）

注：
DCRsi 记录单元（图中未示出）安装在 L 舱舱门前端

▲ 该图片来自一份政界支持发展SR-71项目的简报指南中，如图所示先进合成孔径雷达系统传感器由三个部件组成（美国空军提供）。

　　海恩斯进一步对这些系统进行了详细说明："SR-71高达3马赫的速度在正常的作战任务剖面中产生了一种非常有利的副作用，能够激发敌方的雷达和导弹系统。敌方的雷达和导弹系统会对SR-71的飞行路线做出反应，进行干扰、导弹系统跟踪以及其他电子战活动。SR-71的电磁侦察系统以及当时在区域内部署的其他情报搜集装备,将会搜集敌方响应过程中生成的电子信号。然后,就可以记录下敌方雷达或导弹阵地的能力和频率,从而揭示出敌方的作战方案。电磁侦察系统最初安装在K和L任务舱中。到了20世纪70年代,由于获得了足够的资金对系统进行改进,电磁侦察系统逐步被'电子情报改进项目'(ELINT Improvement Program, EIP)所替代,并改为安装在S和T任务舱中。安装于新位置的系统既可以用于图像任务,也可以用于雷达任务。电磁侦察/电子情报改进项目系统由AIL系统公司研制。该系统以及配套的记录器由侦察系统操作员通过电源和传感器控制面板打开后,自主工作。而如果侦察系统操作员发现通用自防御控制面板显示器上显示的某个信号值得关注,也可以手动启动AR1700系统。"

SR-71的光学传感器包括光学全景相机、地形目标相机、作战目标相机以及HR-308B技术目标相机。海恩斯写道:"地

▲ 先进合成孔径雷达系统图像显示在侦察系统操作员的取景器图像下方。可以看到,目标在光学取景器图像内被云层遮挡,但在先进合成孔径雷达系统显示器中却显示出其清晰的图像(保罗·F.克里克莫尔提供)。

▲ 地形目标相机用于提供"黑鸟"地面轨迹的图片证明。如果出现不属实的外交事件控诉"黑鸟"侵犯了他国领空,可以打印出地形目标相机胶片来否认控诉(格雷格·戈贝尔提供)。

形目标相机是由仙童公司研制的一种测绘相机，配有6 in焦距镜头和9 in胶片，安装在前起落架之前的舱内。地形目标相机的分辨率不高，只有25 ft左右，其主要用途是航迹跟踪。如果某个国家控告SR-71飞越其领空，则地形目标相机获取的信息可以为SR-71的飞行路线提供证明。例如，在越南北部的同琴湾上"穿针引线"，然后向西北方向改出，飞往海防-河内一带，但同时还要避免飞越中国的海南岛。因此，地形目标相机将在起飞后不久开启，直至任务结束。

作战目标相机是由ITEK公司研制的一种全景相机，焦距13 in，使用70 mm胶片。左右两侧作战目标相机的垂直视野固定，水平方向上在各自一侧飞机最低点以下的−5°~+45°范围内扫描。相机可以设置成帧速率，从而实现在当前地速下，前后两张照片有55%的区域重叠。这样，照片分析人员（Photo Interpreter, PI）就能利用作战目标相机的照片获得立体的图像。作战目标相机在20世纪70年代初期被弃用。

技术目标相机是一种48 in焦距的可编程系统，分辨率为110行/mm，相当于在作战高度上约6 in的地面分辨率。技术目标相机安装在边条两侧，由一台计算机控制。曾经担任SR-71侦察系统操作员的美国空军上校大卫·邓普斯特告诉海恩斯："我有一张打印出来的技术目标相机照片，是试飞大队的飞机在3.0~3.2马赫的速度、81 000 ft的高度向下俯拍的爱德华空军基地。照片上可以清楚地看到基地停车场内的斜线、汽车和空车位。这些斜线看起来就像是画在地上的羽毛，但是如果加上放大镜，就能看出这些"羽毛"实际上是停车位的分割线，约有4~6 in粗。而这只是一张打印出来的照片！我还想起了一个发生在比尔空军基地的故事，我们的一架SR-71飞越了爱德华基地，向西飞出海岸线后转向北，沿着加利福尼亚海岸用侧视机载雷达拍摄旧金山。在这次特别的任务中，技术目标相机一直处于开机状态，垂直向下。当飞机以30°坡度向右转弯时，相机的视野移到了海上，朝向海平线。我们的照片分析人员看到了一艘船，并且辨认出了这是斜距约94 n mile之外的一艘美国海军驱逐舰。"

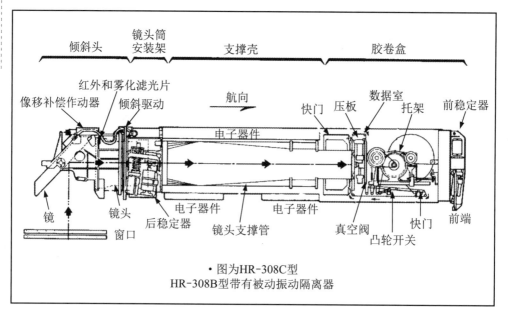

• 图为HR-308C型
HR-308B型带有被动振动隔离器

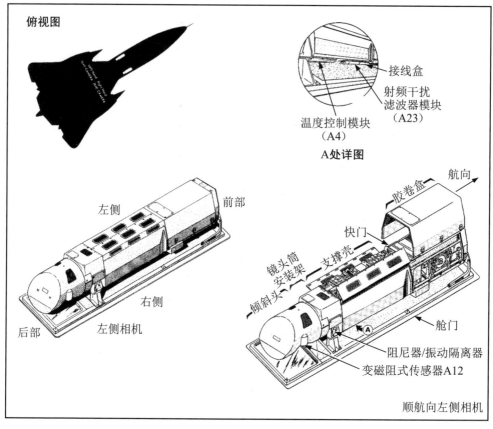

▲ 技术目标相机(美国空军提供)。

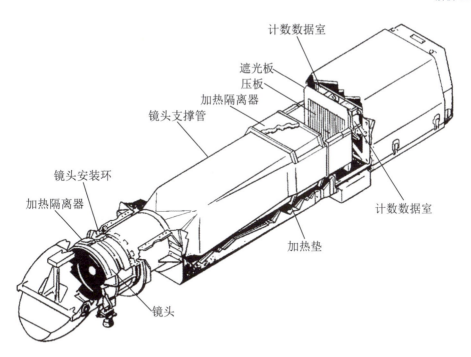

▲ HR-308B技术目标相机的部件与安装（美国空军提供）。

▲ 技术目标相机全景及其细节。从左至右依次为倾斜头、胶卷盒左后侧视图和右后侧视图（格雷格·戈贝尔提供）。

海恩斯最后写道："光学全景相机每小时能拍摄10万 mile² 的地表区域。10 500 ft长的相机胶片可以拍下72 mile宽的地形。最初,光学全景相机配有一个24 in焦距镜头,但后来增加到了30 in。光学全景相机和技术目标相机都能提供分辨率极高的全景照片。"

▲ 维护中的光学全景相机,其传感器每小时可拍摄地球表面10万 mile²(1 mile² ≈ 2.589 988 1 km²)(约259 000 km²)的照片(美国空军提供)。

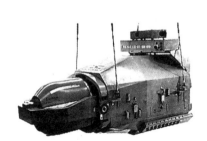
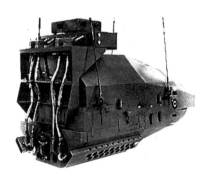

30 in光学全景相机

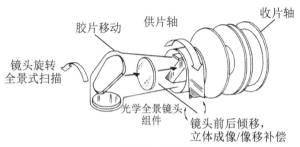

▲ 光学全景相机的组成部分(美国空军提供)。

第3章
解析 SR-71

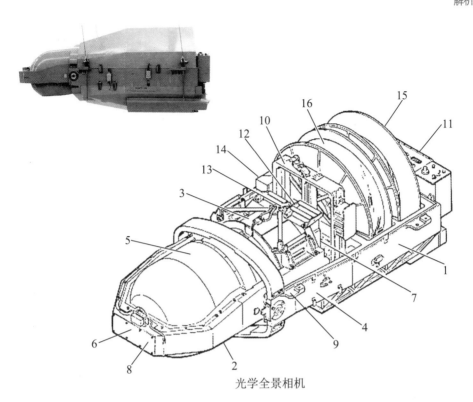

光学全景相机

序号	编号	名称
1	A1	主框
2	A1A1	万向架组件
3	A1A1A1	镜头与胶卷万向架
4	A1A1A2	取景胶卷卷轴
5	A1A1A3	镜头盖
6	A1A1A4	滑环
7	A1A1A5	辅助数据
8	A1A1A7	编码器
9	A1A1A10	输入驱动（远端）
10	A1A2	快门组件
11	A1A4	电子系统组件
12	A1A12	电机驱动胶卷组件
13	A1A11	立体成像驱动组件
14	A1A16	电源与滤波器
15	A1A17	收片轴组件
16	A1A20	供片轴组件

后舱

A处详图
曝光控制旋钮

C处详图
技术目标相机指向角指示器

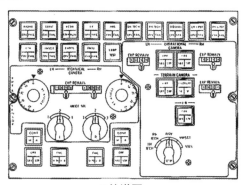
B处详图
电源与传感器控制面板

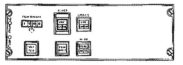
D处详图
光学全景相机控制面板
（替代安装在雷达控制面板位置）

▲ 光学全景相机组件与其配套座舱控制装置示意图（美国空军提供）。

▲ 第一代光学全景相机的图像就非常清晰，甚至可以直接看到停车场上的白色停车线（美国空军提供）。

▲ 先进合成孔径雷达系统的图像虽不及光学全景相机的清晰度，但穿透恶劣天气的能力特别强大（美国空军提供）。

E舱(电气设备舱)和R舱(无线电设备舱)内装载了飞机作战所需的电气部件和无线电设备。E舱没有足够的空间安装载荷设备,而R舱的空间则可以安装加密超高频无线电系统或其他载荷设备。但是,在安装任何载荷设备之前,都需要进行冷却和电气系统改装。

除了以上的设备之外,"黑鸟"的整个侦察组件中还包括了另外四个系统:取景器、速度/高度系统、传感器事件/帧数计数系统以及曝光控制系统。取景器提供了观察飞机下方地形的下视和前视视野,侦察系统操作员可以据此目视确认自己的位置以及天气情况,但飞行员无法查看取景器图像。速度/高度系统能够提供与飞机相对于地面的角速度成比例的信号,这对于高质量的图像拍摄非常重要。简单来说,速度/高度系统提供了地速和离地高度的信息,这对设置机载胶片相机之后将会采用的光圈和快门速度十分关键。传感器事件/帧数计数系统向任务记录系统提供机载相机每一帧拍摄的确切时间、地点以及当时的飞机航向和高度,也就是在拍摄时给每张照片打上地理标签。最后,曝光控制系统能够以日照角度的形式提供信号,这些信号代表着位于后座舱内的曝光控制装置的设置。

有趣的是,SR-71还可以携带质量超过20 000 lb(约9 080 kg)的外部载荷。外部载荷可以安装在机身后部之上或之下。

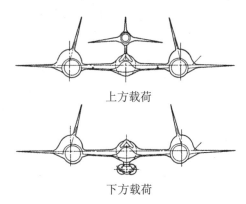

▲ 外部载荷可以挂载于SR-71上方或下方(美国空军提供)。

所有这些传感器都由飞机的主电气系统供电。在巡航飞行阶段,主电气系统可以提供总共110 kV·A、115/200 V、400 Hz的三相交流电,但飞机任务载荷总的电气负载限制为最大80 kV·A。SR-71的直流系统由两个额定200 A的变压整流器供电。考虑到"黑鸟"其他系统的需求有限(共计约100 A),因此剩下的约300 A可以随时提供给任务载荷使用。需要注意的是,仪表变流器和双蓄电池只用于应急飞行,不能作为向载荷设备供电的电源。

第4章
普拉特·惠特尼公司的J58-P4发动机与进气推进系统

大多数的推进系统主要关注于发动机的推力，但由于SR-71的工作包线特殊，其配装的J58发动机配备了一套进气道控制系统，以便在飞行中能够"吸入"高空的稀薄空气。"黑鸟"的推进系统能够长时间保持加力状态，可谓令人惊叹。

▲ 利用专用安装车拆卸SR-71左侧的J58-P4发动机（保罗·F.克里克莫尔提供）。

SR-71是围绕着为其提供动力的发动机进行设计的，即普拉特·惠特尼公司的J58-P4涡轮喷气发动机，普拉特·惠特尼公司内部代号JT11D。1958年12月24日，在美国空军对洛克希德公司3倍声速方案的木制样机进行评审的4年之前，J58完成了首次试车。1962年7月，发动机完成了飞行前的测试，并于当年10月进行了首次试飞。

第4章
普拉特·惠特尼公司的 J58-P4 发动机与进气推进系统

J58 是第一款能够长时间连续以加力模式工作的发动机,能够承受高空高马赫数巡航状态下高达 427°C 的压气机进气温度。在海平面标准大气条件下,发动机能够产生 34 000 lb(约 15 440 kg)推力。发动机主要由五部分组成,包括压气机、扩压段、燃烧室、涡轮和加力燃烧室。

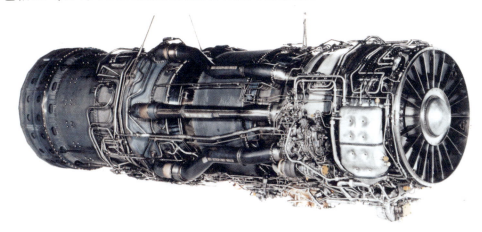

▲ J58 发动机是首型能够承受长时间加力状态的发动机,耐 1 200°F 高温(普拉特·惠特尼公司提供)。

J58 采用可调进口导流叶片(Inlet Guide Vane, IGV)对进入压气机的气流进行整流。进口导流叶片实际上就是压气机叶片的铰接后缘,能够响应于主燃油控制,由轴向位置变为弯曲位置。进口导流叶片通常处于轴向位置,以便在起飞阶段以及加速至 1.8 马赫前的超声速过程中提供更大推力。而当压气机进气温度(Compressor Inlet Temperature, CIT)达到 85~115°C 时,通常也就是加速突破约 1.9 马赫时,进口导流叶片会作动至弯曲位置。

压气机段为九级轴流单转子压气机,增压比为 8~8.1。压气机带有起动引气系统,通过机械连杆与外部机匣相连,能够改变涡轮后方第四级的气流方向。这些旁路引气将进入加力燃烧室前方附近的涡轮排气提供冷却,由此产生额外的推力。根据主燃油控制需求的变化,旁路引气将被吸出,吸出量为压气机进气温度和发动机转速的函数。与进口导流叶片从轴向位置变为弯曲位置的移动类似,引气的注入也是在压气机进气温度为 85~115°C(约 1.9 马赫)时发生。

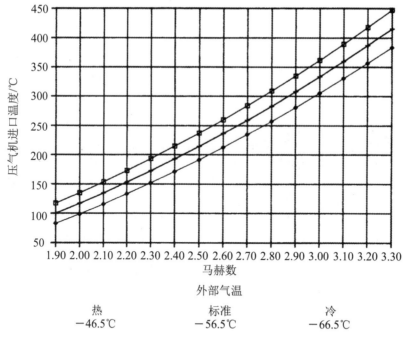

▲ J58发动机压气机进口温度表。注意,在3.2马赫时的温度一般是425°C(美国空军提供)。

扩压段是发动机的主要结构件,负责对来自压气机的气流进行整流和扩压(进气道中心锥已经对气流进行了调节)。扩压段为2号轴承提供支撑,而2号轴承则承受着涡轮轴的所有推力和径向载荷。燃烧室部分由8个圆柱形内燃烧筒组成,以环形布置。

两级涡轮通过提取燃油燃烧产生的功率来驱动涡轮轴和压气机叶片。同时,包覆在收敛-扩散形引射喷管内的加力燃烧室可以改变其后部面积,以调节涡轮背压,从而在主燃油控制的所有状态下保持发动机转速恒定。自由浮动式后缘调节片(常被叫作"羽毛"或"火鸡毛")与喷管后端相连,随着喷管压力的变化打开或闭合,以保持喷管内外的压差处于合理的范围之内。这个压差是马赫数和发动机推力的函数。可调进口导流叶片、引气门和变截面尾喷管均采用了液压作动器,以机上燃油作为液压工作液。

第4章

普拉特·惠特尼公司的 J58-P4 发动机与进气推进系统

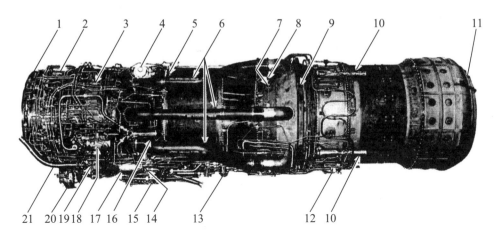

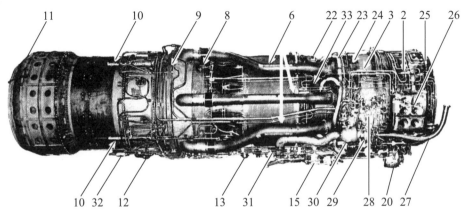

▲ J58 发动机详细外部剖视图(美国空军提供)。

1—压气机进口外壳；
2—压气机放气作动器（4个）；
3—起动引气门作动器（3个）；
4—化学点火单元；
5—化学点火管；
6—压气机气流放气管（6个）；
7—加力点火管；
8—排气温度热电偶（9个）；
9—后支耳；
10—尾喷管作动器（4个）；
11—尾喷管；
12—发动机喷管控制；
13—液压燃油滤（2个）；
14—滑油泵；
15—起动机驱动垫；
16—燃油滑油散热器；
17—主机匣；
18—主燃油控制；
19—主燃油泵；
20—减速机匣；
21—燃油泵供应软管；
22—前发动机支座；
23—引气总管；
24—起动引气门（12个）；
25—进口导流叶片作动器（2个）；
26—滑油箱；
27—加力燃油供应软管；
28—加力燃油控制；
29—加力燃油泵；
30—加力泵涡轮；
31—风扇放气阀；
32—喷管位置受感器；
33—扩压器机匣

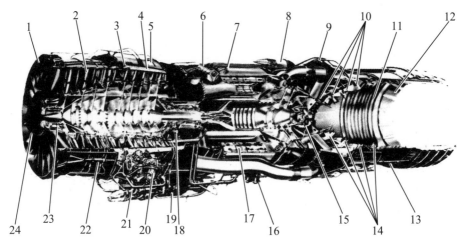

▲ J58 发动机内部剖视图（美国空军提供）。

1—进口外壳；
2—压气机前部（4级）；
3—引气放气门（24个）；
4—放气室；
5—起动引气门（12个）；
6—化学点火箱（三乙基硼烷）；
7—主燃烧室注油器探管；
8—引气放气管（6个）；
9—后发动机安装环；
10—加力燃烧室喷油环（4个）；
11—加力燃烧室套筒；
12—变截面尾喷管；
13—尾喷管作动器（4个）；
14—火焰稳定器（4个）；
15—涡轮部分和轴承；
16—液压油滤（2个）；
17—燃烧室筒体（8个）；
18—后压气机轴承（成对安装球轴承）；
19—主机匣；
20—主燃油控制；
21—主燃油泵；
22—放气引气门作动器（4个）；
23—前压气机轴承；
24—进气外壳岛盖

更换发动机

▲ 图片依次展示了J58发动机更换程序。外侧发动机舱和外侧机翼的铰接设计大大简化了更换发动机的流程,尤其是更换发动机的过程中可以不受任何遮挡靠近发动机(保罗·F.克里克莫尔提供)。

SR-71各系统的电能由两台发动机的附件驱动系统(Accessory Drive System, ADS)提供,而附件驱动系统则由发动机的主机匣或减速机匣驱动。主机匣和减速机匣都位于扩压段之下,与压气机段机械连接。主机匣中包含了发动机起动机的"探头",而减速机匣则为附件驱动系统提供机械动力。附件驱动系统由一台恒速传动60 kV·A发电机、两台用于驱动飞机主液压系统的液压泵以及一台燃油循环泵组成,其中燃油循环泵属于燃油热沉系统的一部分。

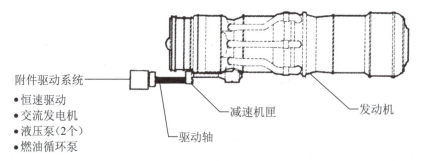

- 附件驱动系统
  - 恒速驱动
  - 交流发电机
  - 液压泵(2个)
  - 燃油循环泵

▲ 附件驱动系统位置示意图(美国空军提供)。

▲ 1991年某夜,J58发动机在静力试验中喷出半透明的火焰。在海平面条件下,安装在静力试验架上的J58发动机能够产生33 000 lb(约13 620 kg)的推力(普拉特·惠特尼公司提供)。

发动机的控制通过操纵两个油门杆（一个油门杆控制一台发动机）实现,油门杆安装在飞行员左前方操纵台的油门台上。油门杆与发动机主燃油控制机械连接,标有三个油门位置:"关闭""慢车"和"加力"。"加力"之前还有一个未标出的"最大状态"挡位。将油门杆置于"慢车"与略低于"最大状态"挡位之间的位置,可以控制发动机转速,而在更大的油门

▲ 这张早期图片中能够清晰地看到J58发动机的3个引气放气导管(共6个)。在进口叶片后缘上正好可以看到可调进口导流叶片(普拉特·惠特尼公司提供)。

状态下(直至最大"加力"挡位),主燃油控制会以压气机进气温度的函数调节发动机转速。在此过程中,主燃油控制将对变截面尾喷管进行调节,以保持转速恒定。同时,如果排气温度(Exhaust Gas Temperature,EGT)达到了860°C,防富油系统将自动降低发动机加力燃烧筒中的油气比,防止发动机出现严重的涡轮超温。

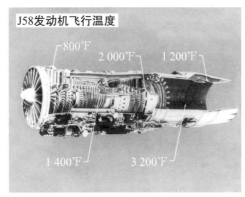

▲ 作战飞行过程中的J58发动机温度(普拉特·惠特尼公司提供)。

4.1 进气推进系统

SR-71中采用了诸多精巧的设计和工程技术,使其能够承受巨大的气动力和热。而这架飞机的性能包线如此惊人,其秘密则在于进气推进系统。

"推进系统"与"发动机"是有区别的,这一点很重要。"黑鸟"的两台J58发动机为其飞行提供推力,而进气道系统则负责提供更为主要的"吸力",也就是说,是进气道系统在作战高度的稀薄空气中拉着飞机前进。在"黑鸟"以3.2马赫速度飞行所需要的推力中,两台J58所产生的推力只占不到18%。

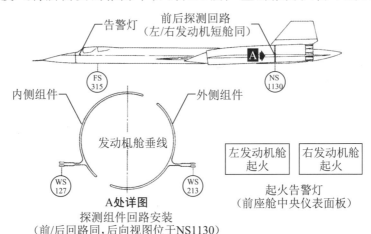

▲ SR-71每个发动机舱中装有起火告警探测回路,能够监测舱内温度,并可通过中央仪表板上的红色告警灯向飞行员发出警告(美国空军提供)。

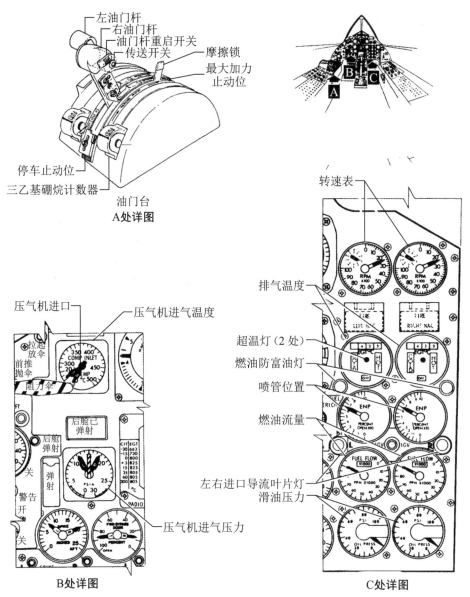

▲ 发动机控制装置和仪表(美国空军提供)。

第4章
普拉特·惠特尼公司的 J58-P4 发动机与进气推进系统

推进系统中包括了发动机舱前端的可动式中心锥和放气门，两者的作用是控制发动机的进气和旁路空气。进气道系统能够降低发动机迎面气流的速度，使超声速的气流在到达J58的压气机时降为亚声速，这样所产生的推力占到了推进系统总推力中的绝大部分。根据SR-71技术手册中的描述，巡航速度（3.2马赫）下的总推力中，发动机提供17.6%，加力燃烧室后部的引射段提供28.4%，而进气道提供54%。

这就是SR-71飞行包线的复杂之处，飞机的变几何进气道系统配备了称之为"进气道控制系统"（Air Inlet Control System，AICS）的专门控制系统，能够在整个飞行包线内为发动机提供压力正确、速度正确的气流。在巡航速度下，进气道控制系统能够将涌入的超声速气流降至亚声速。

进气道控制系统中最显而易见的部件就是发动机进气道内巨大的中心锥。中心锥能够前后移动，从而控制超声速激波的位置，避免其进入进气道。在中心锥捕获激波的同时，前放气门能够帮助将激波保持在正确的位置上。通常，这一切都是自动完成的，飞行员只须负责监控状态，数字式自动飞行与进气道控制系统会根据马赫数、迎角和侧滑角信号做出调整。

飞行员仪表板上有两个中心锥控制开关，分别控制两个进气道。如上文所述，控制开关置于"自动"状态时，中心锥由数字式自动飞行与进气道控制系统进行控制。中心锥双针指示器上将会显示中心锥当前位置与其完全向前伸出时的后部之间的距离，以英寸为单位。此外，飞行员仪表板上还有两个前放气门控制开关。置于自动状态时，前放气门由数字式自动飞行与进气道控制系统控制。放气门双针指示器上会显示前放气门当前位置相对于其完全打开位置的百分比。

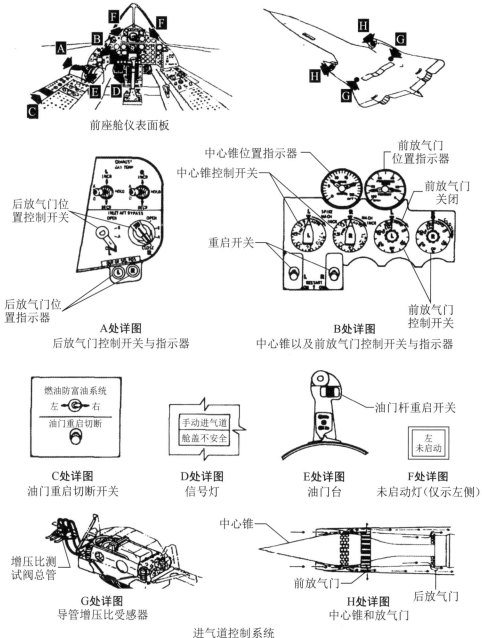

▲ 进气道控制系统组件和前舱仪表(美国空军提供)。

进气道控制系统的正常工作非常重要,能够避免进气道出现气动扰动或"不启动"。所谓"不启动",是指由于进气道内的压力突变而导致激波失控。根据一份SR-71文件中的描述,激波会由进气道喉道内的受控位置向前移动,甚至会被排出进气道。然后,进气道将进入"不启动"状态。气动扰动(Aerodynamic Disturbance,AD)探测电路能够探测到"不启动"状态,并重启进气道。

出现"不启动"的情况时,静压会突然下降。进气道控制系统探测到静压的突然下降后,生成"自动重启"信号,命令中心锥在一个固定的时间段(3.75 s)内向前移动,并打开前放气门,从而降低背压,让气流加速,使激波回到进气道喉道内的理想位置。3.75 s后,中心锥和前放气门慢慢地回到最初的位置。整个过程共需要10 s的时间。1.6马赫以上时,马赫数每增加1/10,中心锥向后移动1.625 in,最多能向后移入进气道26 in(约0.66 m)。

速度大于2.3马赫时,无论最初是哪台发动机受到影响,重启信号都将同时发送给两台发动机。很明显,两台发动机的进气道和放气门协调工作,能够降低偏航的不对称性,并避免对侧进气道出现"交感不启动"。

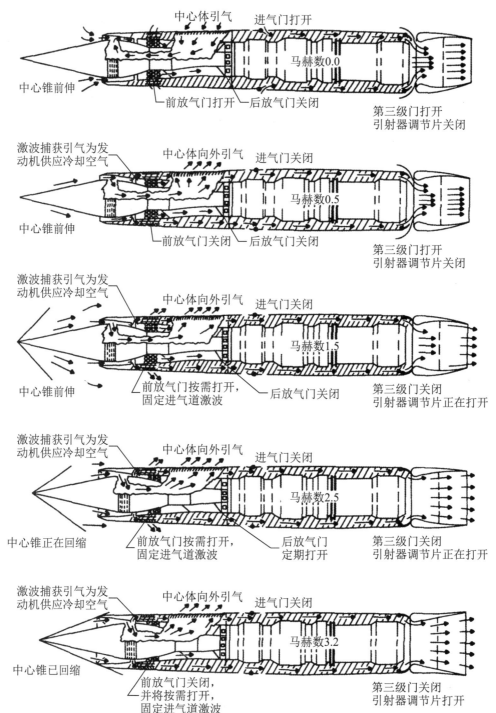

▲ 随着马赫数增加,进气道控制系统必须通过操纵进气道中心锥和前放气门,适应超声速激波不断变化的位置(美国空军提供)。

第 4 章
普拉特·惠特尼公司的 J58-P4 发动机与进气推进系统

如果数字式自动飞行与进气道控制系统出现故障或问题，飞行员可以手动对进气道控制系统进行控制。在这种情况下，有两种方式可供选择。第一种方式是手动控制前放气门，中心锥仍然为自动控制；第二种方式是手动控制中心锥，而此时前放气门也需要通过手动控制。

若前放气门控制开关未置于"自动"状态，而是置于0~100之间的状态（包括0和100；0表示关闭，100表示全开），则表示前放气门采用手动控制。与此类似，如果中心锥控制开关未置于"自动"，而是置于"向前"和3.2（马赫数）之间，则表示中心锥采用手动控制。根据三个显示指示器上给出的当前马赫数读数，飞行员将中心锥控制开关移动至相应的马赫数，从而使中心锥移动到进气道内相应的位置上。随后，前放气门将自动打开和关闭，避免放气门意外关闭以及进气道"不启动"。

飞行员可操作仪表板上的重启开关对进气道"不启动"进行手动控制。或者，如果飞行员忙于飞行，右手无法离开驾驶杆，也可以使用右侧发动机油门杆上的重启开关。

进气道控制系统几乎始终以自动状态工作，而后放气门系统则一直需要通过手动控制。后放气门用于降低

▲ 一度丢失的录影带中拍摄的极为罕见的组图。从上到下依次为：全新的发动机舱正准备首次安装J58发动机，注意发动机舱前端进气道中心锥底座已经安装到位，工程师正在手工制造进气道中心锥及其安装设备（保罗·F.克里克莫尔提供）。

气动阻力,从而提高前放气门在高马赫数状态下的效率。油门台外侧有两个四位旋转开关,各控制一套后放气门。后放气门处于过渡状态或未处于所选位置时,指示灯会为飞行员提供提示。

4.2 进气道中心锥和放气门的详细情况

中心锥根据马赫数的变化在进气道内前后移动,改变进气道喉道的面积,从而保持超声速斜激波和正激波的正确位置。其中,斜激波由中心锥顶端向后延伸,而正激波与气流方向成直角。前放气门以各种开度进行调节,以控制进气道气压,从而以很高的精度调节正激波相对于喉道的位置。操作放气门还可以避免进气道气压过高。

根据美国国家航空航天局的一份关于SR-71进气道系统的技术总结报告中的描述:高度低于30 000 ft(约9 144 m)、速度低于1.4马赫时,中心锥锁定在完全前伸位置。高度大于30 000 ft(约9 144 m)时,在数字式自动飞行与进气道控制系统的控制下,中心锥随着马赫数增加到1.6以上而开始向后移动。中心锥的自动向后调节是马赫数的函数,并按迎角、侧滑角和垂向加速度来修正。中心锥的向后移动能够保持斜激波和正激波相对于进气道的合理位置,并增大进气道的收缩比(进气道与喉道的面积比)。在3.2马赫时,中心锥相对于其完全前伸位置向后移动了26 in,进气流管面积从8.7 ft^{2}增大到18.5 ft^2,提高了112%。同时,喉道面积从7.7 ft^{2}减小到4.16 ft^2,降低了54%。进气道内表面上,喉道前方周围的"激波陷阱"引气槽能够消除涵道附面层气流,引导其向后移动并经由引射喷管排出。中心锥最大直径处的表面上带有多孔引气段,能够消除中心锥附面层气流。气流经引导流过中心锥锥体和撑杆,然后由发动机舱的气窗排出。

前放气门包括了两个同心的环形带,位于进气道喉道后方。外环形带围绕静止的内环形带缓慢旋转,使得两个环形带的长方形开口在完全对应(放气门全开)与彼此遮挡(放气门全闭)之间转换。起落架放下时,放气门全开;起落架收起时,放气门全闭。在速度达到1.5马赫、高度超过30 000 ft之前,放气门保持为关闭状态。达到速度和高度条件后,数字式自动飞行与进气道控制系统根据探测到的进气道压力和压力比预定状态调节放气门的开闭,让正激波保持在进气道喉道附近。要达到压力比预定状态,就需要将探测到的进气道内压(PsD8压力)比与发动机舱外表面上空速管探测到的外部压力(PpLM压力)进行对比;这一对比在涵道压力比传感器(Duct Pressure Ratio Transducer,DPRT)内完成。探测到的压力比与压力比预定状态之间存在的差异,将作为改变放气门开度的驱动信号。

后放气门采用了与前放气门类似的滚笼型结构,由飞行员控制。后放气门在高马赫数时打开,以便降低由于前放气门过度放气而产生的气动阻力。打开后放气门能够降低进气道内压,从而使得前放气门能够以接近于关闭状态的小开度工作,放气更少、阻力更小。

▲ 这两幅图展示了中心锥运动的全行程,分别是完全伸出和完全缩回,总行程为 26 in(约 0.66 m)(保罗·F.克里克莫尔提供)。

第 5 章

飞行员的视角

SR-71前座舱内的工作比较繁重。与更加现代化的设计不同,"黑鸟"的自动化程度并不高,因此需要飞行员不断做出调整。尤其进气道系统,虽然设计精妙,但还远远称不上完美,很容易出现"不启动"的状态。在此,已经退役的瑞奇·格拉汉姆上校介绍了每一名"大蛇"飞行员在作战任务中都会面临的挑战。

▲ 任务出动前"大蛇"飞行员竖起大拇指(盖蒂图片社提供)。

第5章

飞行员的视角

1974年8月，瑞奇·格拉汉姆上校以飞行员的身份加入了SR-71项目。之后，他成为了一名飞行教员，并于1978年开始担任标准化与评估处主任。两年后，格拉汉姆上校就任第1战略侦察中队的中队长。而在五角大楼工作四年之后，他又再一次回到了比尔空军基地，担任第9战略侦察联队的联队长。作为一名拥有超过960 h SR-71飞行经验的飞行员，格拉汉姆可能是最有资格来讨论SR-71的相对优势的人选。他回忆道：

SR-71的大本营地处加利福尼亚北部的比尔空军基地，这里是SR-71机组人员的训练基地，同时也是他们的家人生活的地方。世界上唯一一套SR-71模拟器也在这里，机组人员经常在模拟器上接受训练，熟悉如何应对紧急情况。在比尔空军基地，除了飞行教员之外，大多数机组人员一个月仅会进行两次SR-71飞行。而为了练习驾驶技术，所有的SR-71飞行员也会在T-38喷气式教练机上进行训练。T-38的飞行成本较低，飞行员可以根据需要尽可能多地飞行。

大多数的作战侦察任务是由驻扎在日本冲绳嘉手纳空军基地的第1特遣队和驻扎在英国皇家空军米尔登霍尔基地的第4特遣队执行。但在"赎罪日战争"期间，有9个SR-71架次是从美国东海岸起飞，飞越以色列、叙利亚和埃及，然后再返回美国。20世纪70年代末，SR-71还完成了在尼加拉瓜和萨尔多瓦的作战飞行任务，因为美国希望获得关于这些地区军事设施的图像情报。同一时期，还在约三年的时间内定期飞越古巴，以监控其不断提升的军事实力。另外还有少数作战架次是从比尔基地起飞后进入巴伦支海域，然后返回比尔基地或者米尔登霍尔基地。除了以上这些架次之外，比尔空军基地基本上就是一个训练基地。

冲绳的第1特遣队有三架SR-71，而米尔登霍尔基地的第4特遣队则有两架。两个特遣队的所有SR-71每年会进行一次轮换，通常是在六月。最初飞机轮换时仅仅是往返比尔空军基地进行转场飞行，但在20世纪70年代末，我们学聪明了，在每次转场飞行的最后增加了一个作战航段。

两个特遣队每次都有三名SR-71机组人员驻守，为期六周。而每两周，会有一架KC-135Q加油机从比尔基地起飞前往两个特遣队，人员、装备以及一名SR-71机组人员也将同机前往。到达各特遣队的数小时之后，另一架KC-135Q会运载人员、设备以及一名SR-71机组人员返回比尔基地。

▲ 飞行员仪表板(图中所示为模拟器)(保罗·F.克里克莫尔提供)。

1—备用姿态指示器；
2—迎角指示器；
3—主告警灯；
4—空速告警灯；
5—姿态指引指示器；
6—时钟；
7—阻力伞手柄；
8—压气机进气温度表；
9—左进气道未启动灯；
10—高速马赫数表；
11—高度表；
12—右进气道未启动灯；
13—转速表；
14—温度指示器；
15—后舱已弹射指示灯；
16—压气机进气道压力表；
17—三联显示指示器；
18—水平位置指示器；
19—后舱跳伞开关；
20—中心锥位置指示器；
21—前放气门位置指示器；
22—加速度计；
23—中心锥开关；
24—前放气门开关；
25—进气道重启开关；
26—俯仰配平指示器；
27—滚转配平指示器；
28—偏航配平指示器；
29—空速管加温开关；
30—风挡除冰开关；
31—应急放起落架；
32—自动驾驶和增稳系统控制面板；
33—数字式自动飞行与进气道控制系统飞行前自检面板；
34—塔康控制面板；
35—周边视野显示器控制面板；
36—内话控制面板

为了实现全球到达，作战架次都是由第1特遣队和第4特遣队完成。看看这两个特遣队的驻地，刚好是在地球的两端。通过空中加油，我们能够搜集整个北半球的情报。要知道，如果没有专用的KC-135Q加油机及其机组人员，SR-71仅仅是一架航程很短的侦察机。比尔基地一共有35架KC-135Q加油机，以及两个中队的机组人员，跟随SR-71四处出征。通常，第1特遣队和第4特遣队始终都有7~8架KC-135Q加油机以及相应的机组人员驻守。

第 5 章
飞行员的视角

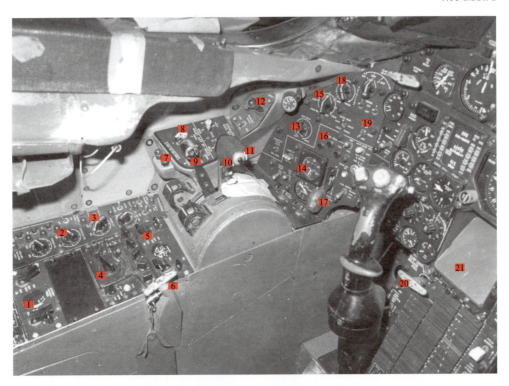

▲ SR-71A的前舱代表了那个时代的飞机设计,即舱内由大量传统的"蒸汽标度盘"所主导,且几乎没有自由空间。要保证不被这些迷宫般的仪表吓到,需要具备丰富的经验。尤其重要的是,在发动机起动的90 s内根本没有时间思考,所有动作都必须是下意识的(美国空军提供)。

飞行员仪表板

1—备用氧气系统控制面板；
2—操纵台灯变阻器；
3—仪表灯变阻器；
4—UHF-1电台控制面板；
5—送话器开关；
6—抛舱盖开关；
7—进气道后放气门位置灯；
8—进气道后放气门位置开关；
9—油门杆；
10—送话器开关；
11—油门进气道控制重启开关；
12—地图投影仪控制面板；
13—加压服加温变阻器；
14—座舱高度指示器；
15—面部加温变阻器；
16—起落架指示灯；
17—起落架手柄；
18—座舱温度控制；
19—除雾开关；
20—舵面限制解除；
21—导航地图显示器；
22—惯性引导垂直速度指示器；
23—显示模式选择开关；
24—左/右液压系统压力表；
25—A/B液压系统压力表；
26—起火告警灯；
27—排气温度指示器；
28—喷管位置指示器；
29—燃油流量指示器；
30—滑油压力指示器；
31—燃油油量指示器；
32—重心指示器；
33—燃油箱压力指示器；
34—系统3氮容量指示器；
35—液氮容量指示器；
36—燃油交叉供油开关；
37—燃油增压泵开关；
38—油量指示器选择开关；
39—放油开关；
40—应急燃油关断开关；
41—电池开关；
42—左/右发电机开关

5.1 日本冲绳嘉手纳空军基地的第1特遣队

SR-71开始投入作战时的大部分架次都是在越南民主共和国和老挝上空搜集关于越南民主共和国活动的情报，还有少数架次是飞越朝鲜。我在1974年加入SR-71项目时主要是在朝鲜飞行。

一直以来，朝鲜隐藏、迷惑其针对韩国的军事计划和意图的能力都很强。朝韩之间的非军事区长160 mile，宽2.5 mile。这一区域两侧是世界上军事力量部署最为密集的地带。多年来，为了准备与韩国进行军事对抗，朝鲜在非军事区北侧挖掘了大量的地道和军事储备设施。SR-71侦察飞行属于美国所称的"指示和预警"（Indications and Warning, I&W）任务中的一部分。通过多次对朝鲜进行图像侦察，观察其军事活动的细微变化，情报分析专家就能分析出朝鲜目前的活动情况。例如，飞机或部队从一地转移到另一地，可能意味着在进行军事演习，或者是一些更加危险的活动。

我们的任务规划是沿着非军事区中间飞行，拍摄SR-71下方的图像，并深入朝鲜约60 mile。飞行航路是从冲绳起飞，向北飞越朝鲜海峡进入日本海，从东北到西南穿过非军事区，然后从黄海上空离开，返回嘉手纳基地。我们也经常沿着这条航路反向飞行,即从黄海进入穿越非军事区。

执行这些任务时,我们也能顺便看看苏联最大的海军舰队司令部所在地——海参崴。任务规划员通常会让SR-71在完成非军事区的飞行之后,向上飞往非军事区东北方向约400 mile外的海参崴。无论是战舰还是核潜艇,美国海军始终都清楚地知道苏联海军所有作战力量的精确位置,并以此为傲。如果由于恶劣天气或其他原因而失去了对苏联舰艇的跟踪,美国海军通常会让SR-71协助搜索,希望能够在海参崴的码头找到这些舰艇。1989年SR-71项目即将终止时,支持和反对SR-71的争论非常多。而出人意料的是,美国海军成为了赞成保留SR-71项目的最大支持者,因为SR-71能够帮助他们找到跟丢了的苏联舰艇。

▲ SR-71座舱内的工作负荷一直很高。但是,在以设定速度和高度进行巡航时,机组人员能够抽出几秒时间瞄一眼窗外,此时看到的风景往往蔚为壮观(B.C.托马斯提供)。

在勘察加半岛南端有个叫彼得罗巴甫洛夫斯克的地方,我们简称其为彼得罗,这里有苏联主要的核试验设施和核潜艇船坞。我们经常从冲绳起飞,搜集关于苏联在彼得罗的活动情报。从嘉手纳基地起飞后,我们会朝东北方向爬升,然后在日本以东的太平洋上与等候在此的KC-135Q加油机会合。加满了80 000 lb的JP-7燃油后,我们开始爬升并加速飞到71 000 ft,然后以3.0马赫平飞。首先从左侧搜集关于彼得罗的情报,随后在太平洋上空向外侧转向180°,然后从右侧再次进行图像侦察。最后,我们会朝西南返回冲绳,期间在日本海岸附近再进行一次空中加油。

5.2 从米尔登霍尔到摩尔曼斯克的一次飞行任务

SR-71的每一次侦察任务都始于飞行前一天,飞行员和侦察系统操作员会在作战处一起研究,对该架次任务进行规划。我与侦察系统操作员唐·埃蒙斯一起飞行了7年多的时间。事实上,我们飞作战架次时从来不会交叉组合机组人员,飞行员和侦察系统操作员一直都是固定搭配。如果其中一人因病无法飞行,则机组中的另一人也会停飞。同时,对于主机组,还指定了一个备份机组,以便在主机组未能通过飞行前体检时顶替主机组。

进行任务规划时,我们是以"假设"的方式将整个飞行航路过一遍。例如,"假设我们的燃油不足、假设我们遭遇了米格战斗机、假设我们的滑油压力过低"等。机组必须对整个飞行航路有一个全面的行动计划,因为在以超过2 000 mile/h的速度飞行时,根本没有时间讨论或解释个人的行为。SR-71 的机组人

▲ 瑞奇·格拉汉姆中校(左)和其侦察系统操作员唐·埃蒙斯少校(瑞奇·格拉汉姆提供)。

员中流传着一句老话,"如果不是在3马赫以上牺牲,那么你就没有牺牲。"一步走错,你就会登上全美国报纸的头条!根据机组人员对于飞行架次的经验和熟悉程度,任务规划一般会持续约2~3 h。主机组和备份机组都要对飞行架次进行任务规划,以防主机组中有人第二天生病。完成任务规划后,机组人员可以自由活动,但需要保证至少8 h的睡眠时间。

在飞行员休息的同时,还有大量的工作需要通宵完成,对SR-71进行准备。地勤组长要确保燃油量正确,发动机里添加了滑油,让飞机做好飞行准备;需要重新添加液氮,以提供氮气,保持易挥发的燃油箱的惰性;需要小心地将J58发动机特有的液态化学点火系统(三乙基硼烷)添加到储箱中;需要将所有的相机和传感器装上飞机,并检查其是否正常工作;需要将天文导航

系统向下收入飞机,并检查其精度。不同专业的诸多人员必须让飞机做好飞行准备。地勤组长负责协调所有工作,并确保飞机已准备就绪,可进行一次安全的飞行。

第二天早起后,我们的第一项工作是开车到基地就餐,主机组和备份机组的早餐都是牛排和鸡蛋。每次SR-71飞行前,我们都被要求进食"高蛋白、低残留"的食物,以保证营养均

▲ 由于SR-71的速度和高度极高,机组人员在其作战航路上经常会看到两次日出,尤其是在北纬地区(洛克希德公司提供)。

衡。一起进餐时也是与备份机组讨论飞行最后细节的很好时机。大约30 min吃完"美食"之后,我们将开车前往特遣队的作战处进行任务通报。

然后,我们向作战处报到,拿到存放在保险柜中的检查单、地图、飞行计划和其他任务资料。保险柜很大,带有五个抽屉。每名机组人员单独使用一个带有密码锁的抽屉,存放各自的涉密资料。所有这些五屉保险柜上都有一根钢条,可以防止抽屉被其他人打开。我们对于保护涉密信息这一点是非常严肃的!

特遣队指挥官、情报人员、主机组和备份机组、维护军官、飞机的地勤组长、任务规划员、气象人员以及KC-135Q加油机的负责人都会在任务通报室里。任务通报的目的是要确保任务通报结束、所有人员开始行动后,这个屋子里的所有人员"都在一个调子上"。同时,如果对于任务还有任何疑问,这也是提出问题的最后机会。

1977年左右,美国国家安全局(National Security Agency,NSA)向第1特遣队的指挥官和机组人员进行了一次任务通报,内容是关于苏联正如何在冲绳附近利用拖网渔船窃听我们的无线电通信,并将信息传给其他苏联盟友。美国国家安全局向特遣队指挥官提出的建议是制定无线电静默程序。SR-71到达60 000 ft以上时,不再需要与其他任何人进行通信,因为全世界只有我们能到达这一空域。大约一年后,我们最终建立起了无线电静默程序,在滑行、起

飞,多次完成空中加油以及飞越大半个地球的过程中,都无需与任何人进行无线电通信。只有在事关飞行安全或是为了完成任务时,才允许打破无线电静默。

任务通报会持续约20 min,之后机组人员有几分钟可以放松,或者提问。备份机组会开车前往飞机处,做好两个座舱的飞行前准备,并将所有开关

▲ 米格-31机组人员经常对三倍声速的SR-71进行截击训练,尤其是在巴伦支海地区(米哈伊尔·米亚基提供)。

置于正确的位置,为"开车前"检查做好准备。如果发现飞机存在任何问题,备份机组会与地勤组长进行沟通。然后,备份机组会在机库等待主机组人员到来。

唐和我会到生理保障处的房间内穿戴装备。每次SR-71飞行之前,机组人员都要接受体检,包括测量和记录血压、脉搏、体温和体重,并确认没有鼻窦问题。通过体检之后,下一步就是穿上压力飞行服。

根据机组人员以及生理保障处人员的熟练程度,穿上飞行服大约需要10 min。穿好飞行服后,我们会坐在宽大的皮制躺椅上,由生理保障处人员完成最后的检查和准备,包括飞行服是否完全充气,有无不可接受的泄漏。检查完飞行服之后,我们会乘坐生理保障处的车到达机库和飞机处。等候在那里的备份机组会上车跟唐和我打招呼,并报告飞机状态为1号,即没有发现问题。生理保障处人员会在两个座舱的两侧完成座舱的飞行前检查。当生理保障处人员"竖起大拇指"时,唐和我会下车,登上扶梯进入座舱。

1976年9月7日的清晨,唐和我迫不及待地爬入962号机的座舱。现在轮到生理保障处人员为我们连上氧气管、通信线缆、面部加热线缆、降落伞装置、安全腰带以及连在压力飞行服上的救生包(我们坐在救生包上)。这些连接是弹射救生所必需的。确切地说,我们的性命掌握在生理保障处人员手中,他们必须确保所有连接正确无误,并将我们与弹射座椅完全对接。穿上压力飞行服后,机组人员根本无法看到所有的连接。

生理保障处人员完成他们检查单上的工作后,唐和我会通过机内通话系统互相确认已准备完毕。起动强大的普拉特·惠特尼J58发动机时需要使用"别克"(Buick)起动车,将起动车推到每台发动机下方,利用直连机械传动轴将其与发动机连接。每台起动车内部装有两台别克V8发动机,其减速齿轮箱能提供足够大的扭矩,驱动J58发动机起动。

▲ 在部分SR-71基地,发动机起动使用的是气动起动系统,而非"别克"起动系统。图中,油门杆处于慢车位置,气动起动系统带动左侧发动机,三乙基硼烷点火引燃JP-7燃油,发动机开始带转。在转速为3 200 r/min转时,飞行员通过机内外通话通知地勤队长"断开带转",随后断开起动机电缆(保罗·F.克里克莫尔提供)。

发动机起动后,我们会与地勤组长一起完成数项地面检查,确保所有系统工作正常。此时,一切顺利。我以前从来没有跟英国的空管人员通过话,但他们的声音让人安心,而他们奇怪的口音也增加了我在欧洲首次飞行的信心。在我加大功率开始滑行时,备份机组驾驶着一辆装有超高频/甚高频电台的军车在飞机前方开道。这一方面可以引导

▲ 两台J58发动机已起动,前后座舱已关闭,舵面检查已完成,机组人员正在等待空管发出放飞指令后滑出机库(保罗·F.克里克莫尔提供)。

SR-71滑上跑道,但主要目的还是检查滑行道上是否存在外来物(Foreign Object Debirs,FOD),因为任何外来物都能轻易划破SR-71胎压400 psi的机轮。SR-71之后会有多辆维护车跟随,这些车上坐着一些非常重要的人。如果我们在发动机试车阶段发现任何问题,可以随时向他们咨询。

在滑行道的尽头,机轮插入轮挡。我会将两台发动机分别推至100%功率,并用力保持刹车30 s。同时,机载系统会记录各种飞行之后会用到的维护

参数。在发动机试车阶段,如果我们在座舱里发现了任何问题,地勤组长可以接入机内通话系统,与我们进行讨论。

发动机试车时,我们必须根据外界气温将排气温度保持在一个合理的范围之内。与其他飞机相比,SR-71在这一方面具有独特之处。事实上,我们可以通过排气温度微调开关来调节每台发动机的排气温度。通常,微调开关处于自动设置状态,但如果需要的话,我可以通过手动设置提高或降低每台发动机的排气温度。将排气温度微调开关保持在"提高"位置上,发动机燃油控制系统上的小型电机会增大主加力燃烧室燃油流量与主加力燃烧室燃烧压力之比,从而提高涡轮排气温度。

完成发动机试车后,轮挡撤出,所有维护人员回到各自的车辆中。在预定起飞时间前的一分钟,我通过无线电呼叫米尔登霍尔的塔台,并得到了"跑道允许起飞"的回复。机务人员立刻驾车开上跑道,在我们的前方检查跑道上有无外来物。我将飞机对准跑道,与

▲ 在排队等待时,地勤人员将轮挡放入主轮,准备让飞行员执行漫长的发动机检查。飞行员将每个油门杆依次推到最大状态并收回,同时双脚紧紧踩住刹车,确保SR-71不会在放入轮挡后仍然前移(保罗·F.克里克莫尔提供)。

▲ 两个油门杆处于中等加力状态,左右加力燃烧室需要在3 s时间内相继点燃,否则检查单就会要求强制中止任务。图中,右侧发动机出现三乙基硼烷闪光,说明此发动机也将起动(保罗·F.克里克莫尔提供)。

▲ 左右加力燃烧室均状态良好,飞行员前推油门杆至最前止动位,即最大加力状态(保罗·F.克里克莫尔提供)。

唐一起完成了几项检查单上的检查项,做好了起飞的准备。唐的座舱里有一块精度为 0.01 s 的时钟,他会在起飞时间之前给我一个 5 s 倒计时。当唐数到 3 时,我慢慢地将两个油门杆推到了最大状态,而在他给出"起飞"指令时,我在最大状态下松开了刹车。我快速查看了发动机参数,然后将油门杆提起并前推至全加力状态(68 000 lb 推力)。两个加力燃烧室很少会同时点火,让飞机在开始起飞滑跑时在各个方向上"猛然一震"。全加力状态下的加速很快!我再次快速查看了全加力状态下的发动机参数,以确保在跑道上高速前进时一切正常。

飞机在到达 3 000 ft 跑道标志时的速度应该在 160 kn 左右,我迅速确认了加速情况符合预期。前轮转弯系统控制着飞机沿跑道直线前进,我开始慢慢地向后拉杆,180 kn 时前轮抬起,210 kn 时飞机离地。我收起了起落架,加速至 400 kn,并保持以 400 kn 爬升,直至速度达到 0.9 马赫。在约 25 000 ft 改为平飞后,我们开始将航向转向正北。根据载油量,这次到达 25 000 ft 大约花了 2 min 的时间。在英国大陆上空,我们被禁止进行超声速飞行。唐通过导航系统规划了一条航路,直接飞向等待我们的 KC-135Q 加油机。我们将在一个被称之为"空中加油控制点"(Air Refuelling Control Point,ARCP)的常用会合点与三架加油机之一进行对接。

▲ 一旦升空后,飞行员快速拉起起落架手柄,确保不超过 300 kn 的起落架舱门限制,收起起落架约需 15 s(保罗·F.克里克莫尔提供)。

三架加油机会在我们之前早早地从米尔登霍尔起飞,在我们到达之前的30 min,以松散编队在挪威西海岸上空的空中加油轨道上飞行。SR-71通过半加密的方式获得待命加油机的距离和方位。同样,加油机上也有相同的设备,能够获知我们的距离和方位。在我们到达之前,加油机长机的导航员已经在空中加油轨道上飞行了很长时间,非常清楚空中加油控制点上的风漂移。到达与加油机之间的某个精确位置上时,导航员会告知加油机的机长何时进行最后的转向。我继续以0.9马赫的速度飞向空中加油控制点,迅速靠近加油机,在加油机转弯并改出时,在加油机后方3 n mile处与其排成纵列。加油机以325 kn的速度飞行,我慢慢地靠近加油机长机,进入加油套管后方的对接前位置。在逐渐靠近加油机的同时,唐和我也完成了加油前检查单上的检查项。

　　我稳住飞机,加油套管就在我的眼前,距离前座舱风挡约20 ft处。然后,加油套管操作员控制套管接入SR-71的空中加油受油口。对接后,液压爪会将套管锁定到位。加满80 00 lb的JP-7燃油大约需要15 min。套管与飞机对接后,我们可以通过套管内话系统与加油机上的机组人员进行通话。我们听到的第一句话是"正在加油",这也是我最喜欢的一句话!

　　唐现在将控制6个主油箱的加油,目标是在飞机到达"空中加油结束点"(End Air Refuelling,EAR)时,80 000 lb燃油正好加完,并完成压力断开。同时满足这三项要求,对侦察系统操作员来说是一门艺术。唐是这方面的大师!就像往汽车油箱里加油一样,如果以最大速度加油,背压经常会导致加油提前终止,而如果慢慢加油,则往往能够加入更多的燃油。SR-71的加油也是这样。以6 000 lb/min的速度向SR-71输油是很快的,而一旦探测到背压达到70 psi,空中加油套管将会自动断开。我们都希望套管是在到达空中加油结束点时断开,而不是提前断开。

　　刚开始时,唐会让加油机的全部四个油泵一起输油。而接近空中加油结束点时,他会告知加油机减少到三泵输油,然后再减少到两泵输油。距离空中加油结束点只有几英里时,只留下一个泵加油。在控制加油机的加油泵上,唐是专家。所以,我们的油箱会在到达空中加油结束点时加满油,并完成压力断开。我会慢慢地向后远离加油机,然后从加油机右侧通过。在加油机向左转弯的过程中,唐和我将完成空中加油之后检查单上的检查项。

第 5 章
飞行员的视角

▲ 油箱加满后，SR-71飞向加油机右翼外侧，随后加速飞离。注意图中另外两架KC-135Q加油机在其空中加油航路上产生的凝结尾迹（保罗·F.克里克莫尔提供）。

加油（保罗·F.克里克莫尔提供）

1）爬升阶段结束后，下一项工作通常就是与KC-135Q加油机会合，并加满油箱。

2）SR-71准备向右侧滑，并在对接前位置就位。

3）SR-71就位后，加油机的套管操作员在最后几英尺熟练地将套管驶近并微调位置，随后通过液压方式伸出套管与受油口对接。

4）加油套管对接后，加油机的副驾驶员启动燃油增压泵，开始以6 000 lb/min的速度向SR-71注入JP-7燃油。

▲ SR-71加速爬升，飞离加油机编队，随后将进行所谓的"滑轨游乐车"机动提升飞机速度，快速通过跨声速高阻力区（保罗·F.克里克莫尔提供）。

现在，我们准备开始爬升到71 000 ft，加速到3.0马赫。任何一架飞机在突破声障时，都会在亚声速速域产生巨大的阻力。对于SR-71，速度在0.95~1.05马赫之间时的阻力最大，因此耗油也更高。我们的目标是尽可能快地加速穿过这一高阻力区，为此，我们采用了一种我们称其为"滑轨游乐车"的机动。首先，以最小加力状态，保持以0.9马赫恒速爬升。到达30 000 ft时，推油门至全加力状态，让飞机爬升到33 000 ft。然后，慢慢加速到0.95马赫，并逐渐转为下降。下降过程中速度突破1.05马赫时，开始慢慢拉起机头，以全加力达到450 kn当量空速（Knot Equivalent Air Speed，KEAS）恒速爬升状态。

我向上配平962号机以保持450 kn当量空速的速度，然后开启了自动驾驶仪的当量空速保持功能。在以恒定当量空速爬升时，马赫数会随着飞机爬升而增大。现在，自动驾驶仪将负责保持空速的恒定，而我则将集中精力关注爬升和加速过程中座舱内的其他参数。突破1.6马赫时，我确认两个中心锥都已解锁，并开始向后移动进入进气道。1.6马赫以上时，马赫数每增加1/10，中心锥将向后移入进气道1.625 in，最多能向后移入进气道26 in。进气道周围的各个前放气门开始调节，将超出发动机需求的多余气流排出。这些放气门会对SR-71产生额外的阻力。在1.7~2.3马赫附近，进口导流叶片由轴向位置变为弯曲位置。进口导流叶片改变位置后,我会将两台发动机的后放气开关置于"B"位置,让前放气门的开度略微减小,以避免在飞机上产生过多的阻力。

我的目标是保持前放气门开度在约5%~10%之间调节。如果开度超过这一范围,过大的阻力会加速燃油消耗,以至于我可能不得不终止任务。但是,如果两个前放气门中有一个完全关闭,又可能导致我们所说的进气道"不启动"。

"启动"的进气道是指超声速激波进入进气道喉道,并保持在进气道喉道内。而"不启动"则是激波进入进气道喉道后,立即从后方排出。由于不同的成因,"不启动"可能是一次性的事件,也可能是多次性的事件,而某些"不启动"也可能表现得更加剧烈。我们就曾经遇到过在"不启动"的过程中,压力飞行服的头盔与座舱盖的一侧相撞而导致裂开。"不启动"是与激波相关的纯气动事件,发动机虽然持续运转,但损失了大量推力。在首次驾驶SR-71之前,机组人员需要在模拟器上进行大量的"不启动"训练,直至能够熟练应对"不启动"。虽说如此,在现实中第一次遭遇"不启动"的时候,仍要全神贯注,相信自己!

2.6马赫时,马赫数每增加0.1,当量空速将由450 kn状态降低10 kn。也就是说,2.7马赫时,当量空速为440 kn;2.8马赫时,当量空速为430 kn;2.9马赫时,当量空速为420 kn;3.0马赫时,当量空速为410 kn。在标准的日间机外温度下,应当在约71 000 ft、3.0马赫、当量空速410 kn时改平。

然而,当唐和我穿越45 000 ft高度时,爬升和加速明显都太快了!显然,为了完成任务,我们需要保持较低的机外温度,但这有点儿奇怪。由于开启了自动驾驶仪,驾驶杆被禁用了,因此要控制SR-71的俯仰和滚转,只能慢慢地旋转右侧操纵台上的两个锯齿轮。这两个锯齿轮分别控制俯仰和滚转。到达71 000 ft的正常改平高度时,我转动自动驾驶仪前端小小的俯仰锯齿轮,缓缓放低"黑鸟"的机头,同时将油门收至最小加力,保持3.0马赫的速度。现在,我们已经穿过了北极圈,正好在挪威的波多附近改平。

在接近挪威最北端的"敏感区域"时,我们完成了最后的检查。我们所说的"敏感区域"是指在这一空域内可能遭遇其他国家的敌对行动。我们向东转弯进入巴伦支海域时,马赫数开始增大,而此时我已经将油门收到了最小加力状态。与"协和"飞机的2.0马赫飞行不同,以3.0马赫飞行时不能退出加力。我慢慢地向后转动俯仰锯齿轮进行爬升,希望可以到达一个不用继续加速就能保持3.0马赫速度的高度。目前,高度74 000 ft,速度3.2马赫,还在继续爬升。现在我们的温度更低了!

每次我试图在更高的高度改平时,飞机都会继续加速,现在已经到达了77 000 ft附近。我问唐,我们的地速是多少。他回答道:"大约顺风100 kn。"通常,在世界上任何一个地方,70 000 ft以上高空的风速都不可能超过5~10 kn。我们通过自动导航系统进行的所有转弯,都保持了恒定的坡度角、恒定的转弯半径。而现在我们需要补偿顺风100 kn的地速!我们之前从未遇到过这样的情况。我竭尽全力降低飞机的速度,并且在不退出加力的情况下停止爬升。

唐和我正在处理这些问题的时候,传感器开始对飞机右侧的摩尔曼斯克进行拍摄。而我现在的目标是保持平台稳定,让相机和传感器能够拍到最好的图像。此时,想要让这台"猛兽"减速似乎是不太可能了,我们不得不接受以这样的高马赫数飞行。飞越摩尔曼斯克之后,飞机预定应向左以180°修正角转弯,然后从东南方向飞抵摩尔曼斯克,从左侧再次对苏联的海军舰队进行拍摄。我无法让飞机减速,并且在有顺风的情况,我知道我们会超出转弯半径。幸运的是,接近80 000 ft时,我让飞机减速到了3.0马赫,但不得不采用45°坡度角来补偿转弯时的顺风。

在82 000 ft高度向东北方向飞行时,飞机以最小加力状态保持在3.0马赫的速度。现在我们知道了如何对极低的温度进行补偿,这让我们长舒了一口气。再次对摩尔曼斯克进行拍摄后,我们离开了敏感区域。我们以基本相同的轨迹反向飞回了加油机等待的位置,完成了空中加油,准备进行倾角差机动并降低高度。

倾角差机动的容错空间很小。与其他喷气式飞机不同,"大蛇"不能随意改变油门状态,也不能通过增减阻力装置来改变下降速度。油门退出加力、飞机开始下降的瞬间,基本也就确定了倾角差机动的最低点。在倾角差机动的过程中,需要非常精确地控制SR-71的发动机和进气道,防止出现"不启动"、压气机失速或发动机停车。

在即将到达下降开始点的大约1 min之前,唐开始阅读检查单。我们准备以350 kn当量空速恒速下降到25 000 ft的改平高度。将进口导流叶片开关设置为"锁定"。检查液氮量,确保还有足够的液氮为6个主燃油箱增压并避免主燃油箱在下降进入低空的高密度大气时被压扁。检查进气道,确保其处于"自动"位置,且后放气门开关处于"关闭"位置。然后,唐将惯性导航系统的高度更新成了下降后的高度。

到达计算得到的下降点时,我慢慢将两个油门收至最小加力状态,然后收至最大状态位置。当量空速开始降低,我缓慢地向前转动俯仰锯齿轮,获得350 kn当量空速的速度,然后开启当量空速保持功能。之后,自动驾驶仪通过改变飞机的俯仰来控制空速,而我则将油门杆保持在了排气温度读数720℃与最大推力状态之间。

达到2.5马赫速度时,我慢慢地收小了两个油门,直至两个转速表的读数均显示为6 900 r/min。在2.5~1.3马赫之间,我必须不停地轻轻推杆,以保持6 900 r/min的转速。

在600飞行高度(Flight Level,FL;即国际标准大气条件下60 000 ft)时,唐打开了敌我识别应答机,接通了读取高度的C模式,以便空管(Air Traffic Control,ATC)能够识别我们。

速度降至1.7马赫以下时,

▲ 回到本场后,根据飞行时长和所剩油量,一些机组人员会利用这个机会完成一两次起落航线练习。图中,吉姆·吉金斯少校中断地面控制的雷达引导进场进行复飞(保罗·F.克里克莫尔提供)。

▲ SR-71的基本进场速度是175 kn当量空速(约282 km/h),但根据飞机质量以及室外气温和压力而有所不同(保罗·F.克里克莫尔提供)。

▲ 刚刚飞过跑道起始端的"斑马线"后,SR-71拉平准备接地(保罗·F.克里克莫尔提供)。

我打开了前向输油开关,让燃油进入1号油箱,从而形成理想的前向重心。在1.3马赫以下,我再次检查了放气控制开关是否处于"自动"和"关闭"位置,然后将进口导流叶片开关转为"正常"位置,让发动机恢复为最大推力。最后,我还可以根据需要推拉油门杆,以调整下降剖面。

降至0.5马赫以下时,飞控限位器断开,方向舵和升降副翼可以全行程移动。最后的进场速度和着陆速度取决于飞机质量等因素,但我们的基本进场速度为175 kn当量空速(约200 mile/h),着陆速度为155 kn当量空速(约180 mile/h)。直接进场着陆只需要很小的功率来保持175 kn当量空速的速度。进场姿态大约为抬头10°,接近跑道保险道时,我慢慢地收至慢车状态,并降低空速。SR-71的大三角翼和边条能够产生巨大的地面效应,让飞机平飘,然后以155 kn当量空速缓缓着陆。主起落架接地后,我立刻放出了刹车阻力伞,然后在55 kn当量空速时抛伞,确保沉重的阻力伞没有缠住后机身。最终,

▲ SR-71主轮接地后,飞行员拉出T形手柄,放出三级阻力伞系统(洛克希德公司提供)。

▲ 第一个放的是42 in(约1.07 m)的引导伞,随后是10 ft(约3.05 m)的牵引伞,最终是40 ft(约12.2 m)的阻力伞(保罗·F.克里克莫尔提供)。

▲ 阻力伞全部打开,且前轮接地后,飞行员接通驾驶杆上的前轮转弯按钮。大约在55 kn当量空速时,飞行员在跑道上抛掉主伞。需要在飞机仍有滑行速度时抛掉刹车伞,确保刹车伞较重的连接接头能从飞机后部断开,避免造成任何损伤(保罗·F.克里克莫尔提供)。

我们滑行回到了英国皇家空军米尔登霍尔基地的机库里。

这是一次很耗费精力的任务,但我们刚刚驾驶962号机完成了SR-71在欧洲的第一次作战任务。在任务讲评时,包括气象人员在内的所有人都无法相信温度如此之低,也无法想象我们所经历的一切。此后,其他机组人员也在巴伦支海域遇到了相同的罕见气象条件。几年后,在同样的飞行任务中,我在巴伦支海域还遭遇了另一次事件——在75 000 ft以上出现了凝结尾迹。

而现在,962号机正在英国达克斯福德帝国战争博物馆的美国航空馆中光荣展出。

▲ 972号机转弯驶向终端滑行道,回到英国米尔登霍尔皇家空军基地的"进出"机库(保罗·F.克里克莫尔提供)。

▲ 鲍勃·吉利兰是洛克希德公司SR-71项目的首席飞行员,于1964年12月22日驾驶SR-71A原型机完成了首飞。图中,鲍勃于2004年11月来到达克斯福德帝国战争博物馆,与SR-71第61-17962号机合影以纪念SR-71飞机40周年(TopFoto图片馆提供)。

第6章
地勤组长的视角

驾驶SR-71有多复杂,其维护就有多困难。尽管很少有人了解"黑鸟"维护人员和地勤组长的工作与付出,但他们与飞行员和侦察系统操作员一样,是确保任务成功所不可或缺的一部分。在每个飞行架次之前,飞机都需要超过24 h的时间来完成准备工作,地勤组长在某种程度上就像是一位管弦乐团的指挥,协调着从空天生理到侦察系统等各个专业团队的"大合奏"。

▲ 发动机已开车,"黑鸟"机组人员在执行起飞线检查,地勤队长和他的三个助手在一旁耐心等待。维护人员背上的湿斑不是汗水,而是钻到飞机下面时滴落在他们身上的燃油(保罗·F.克里克莫尔提供)。

驾驶SR-71以超过3马赫的速度在70 000 ft以上的高度飞行,这需要飞行员和侦察系统操作员进行大量的规划和准备。而与此同时,让"黑鸟"做好飞行准备也是一项艰巨的任务,需要投入大量的团队工作与维护工时。举例来说,仅仅是钣金工作,每小时的飞行就需要40个维护工时。"黑鸟"对维护的需求量非常大,每一架次之前都需要超过24 h的时间来完成准备工作。但只有经过一系列高强度、密切协调的维护工作,才能确保在机组人员到来时,飞机状态完好,可以随时起飞。

6.1 维 护 概 述

从1973年的比尔空军基地,到日本嘉手纳基地的第1特遣队,再到1999年最后美国国家航空航天局的SR-71项目结束,麦克·雷亚从事SR-71的维护工作超过25年的时间。他说:"SR-71需要大量的人力。但你要理解,SR-71的设计目的只有一个,就是渗透拒止空域并存活下来。所以,洛克希德的工程师们在设计'黑鸟'时没有考虑维护的便利性也就不足为奇了。"

在不飞行的日子里,SR-71的日常维护工作实际上是取决于当天可供使用的人力水平。但在准备飞行的那几天,你可以调用来自各个专业的所有地勤人员,组成一套"豪华阵容"。

▲ "黑鸟"飞机被拆解开来,正在按计划进行基地级维护。折叠的外翼、拆下的机头整流罩和缺失的舱盖在某种程度上会给人一种错觉,以为这是一堆被遗弃的残骸。实际上,"黑鸟"飞机正在"享受"其应得的休息(保罗·F.克里克莫尔提供)。

对飞机和系统的维护包括传感器、自防御系统、液氧(Liquid Oxygen,LOX)、化学点火系统(三乙基硼烷)、前轮转弯系统润滑、加燃油、液氮(Liquid Nitrogen,LN₂)、液压系统、氮气(Gaseous Nitrogen,N₂)、起落架支柱、轮胎、液压瓶/蓄压器、刹车蓄压器、座舱盖配重系统、座舱的清洁和吸尘、仪表板的清洁以及风挡和座舱盖的清洁。

6.2 起飞之前的24 h

在任务或训练架次之前的24 h里有大量的工作需要完成,因此这一天的第一件事就是要明确地勤小组里每个人的具体职责。雷亚说:"各项维护职能在SR-71-6WC-1PRPO系列工作卡中都进行了说明,涵盖了SR-71A、SR-71B和SR-71C,并将整架飞机分解成了28个工作区(1~28号)。"

按照要求,地勤组长负责第26号工作区,即"飞机总体"。同时,地勤组长还要负责确保那些没有明确划分到具体工作区的工作得以完成,协调并满足起飞之前以及最终起飞时的所有要求。1号机务与地勤组长同属一个外场维护中队(Organisational Maintenance Squadron,OMS),由地勤组长直接领导,负责第1、2、4、5和14号工作区;2号机务负责第3、6、7、19、20、21、22、23、24和25号工作区;3号机务负责第8、10、12、16和17号工作区;而4号机务则负责第9、11、13、15和18号工作区。此外,第1、2、3、14、20、21、22、24和26号工作区还配备了其他专业人员。

这些专业人员来自于电气专业和环控专业,也属于外场维护中队。另外,还有来自航电维护中队的专家负责准备自动飞行控制系统和自动驾驶仪、天文惯性导航系统、任务记录系统、拍摄设备以及通信和导航系统。

看起来这些人还不足以完成飞机的准备工作。雷亚解释道:"另外还有来自生理保障处的专家。他们隶属于基地的医院,负责准备压力飞行服、降落伞和救生包,协助机组人员穿戴装备,将降落伞和救生包装配到座舱里,协助机组人员进入座舱,并连接生命保障系统。"

为了进行对比,雷亚表示:"在加入SR-71项目之前,我曾作为地勤组长在F-4'鬼怪Ⅱ'上工作过7年,大多数时候都是由我一个人完成,想找个人帮忙

第6章
地勤组长的视角

是一件十分奢侈的事情。虽然如此,'鬼怪'项目也有与SR-71或美国空军的其他飞机一样的专业人员保障团队提供支持。"

▲ 为保证"黑鸟"飞机的飞行和任务能力,维护人员必须严格遵循SR-71-6WC-1PRPO工作卡中所列的规范程序(美国空军提供)。

▲ 在气候温和时,一些维护工作可以在户外进行。图中"黑鸟"正在耐心等待着将侦察传感器安装进Q舱中(注意图中Q舱口盖没有装上)。大多数情况下是将"黑鸟"置于一个专门设计的大型机库中,这样天气状况便不会对当前任务产生影响(保罗·F.克里克莫尔提供)。

155

地勤组长需要监督和执行的检查主要分为三类，飞行前检查、飞行后检查和连续飞行检查。"按照SR-71-6WC-1PRPO，飞行前的检查工作将在预定的训练飞行、功能检查飞行或是上级司令部下达的作战任务的前一天开始。"雷亚说道，"飞行前检查需要在当天的首次飞行之前完成，24 h有效。SR-71-6WC-1PRPO的第一部分中列出了飞行前检查包括的各部分工作：准备、拆口盖、维护、'观察阶段'、专业人员检查、出动前阶段和最终出动阶段。"

SR-71-6WC-1PRPO的第二部分是飞行后检查，在每次飞行之后完成。此外，在完成200 h和400 h定检后，也需进行飞行后检查。飞行后检查也分为几个部分：准备、拆口盖、维护、观察阶段和专业人员检查。

第三部分的连续飞行检查是在预定进行再次出动或联程飞行的架次之间完成，主要分为几个部分：恢复（发动机不停车）、准备、维护、观察阶段、出动前阶段和最终出动阶段。观察阶段中还包括了由地勤组长和四名机务进行关机和开机，大约需要6~8 h完成。连续飞行检查中，专业人员检查阶段的关机和开机检查工作大约需要2~3 h完成。

工作卡明确给出了飞行前检查中观察阶段需要检查的具体项目。例如，空速管——检查损伤和固定情况；全静压和迎角、侧滑角开口——检查是否堵塞；机头段——检查清洁和损伤情况；口盖和舱门——检查损伤、清洁和固定情况。根据机务所负责的工作区，文件中给出了飞机上每一个区域的详细检查要求。而在进行具体的某项检查时，维护人员还需要对该部件附近的整体区域进行检查，通常为直径2 ft的圆形区域。

在飞行前的开机检查中，需要通过地面电源和空调车同时接通飞机的电源系统和空调系统。此时，还是按照工作卡上的具体项目对设备的工作情况和完好性进行检查，只是完成这些检查时需要接通电源。例如，飞机的机外照明、座舱仪表、油量表，以及液氧和液氮的容量和压力。

所以，总结起来就是，接到作战任务或预定飞行的通知后，在飞行的前一天开始安装和检查传感器。同时，机务和专业人员需要共同完成准备、拆口盖、维护和观察阶段的工作。两个团队都要参与白班和中班（16:00点到半夜）的工作，每个班次8 h。然后，夜班人员将负责一些收尾工作，例如某些相机需要在接通电源和空调的情况下进行18 h或6 h的检查，以及诸如轮胎等事关安全的重要部件的检查。

雷亚介绍了经过精心策划的具体准备顺序。"地勤组长和四名机务（大多数情况下只能找到三名）在飞行当天需要完成出动前检查到最终出动检查阶段的所有工作，最后留出 2~3 h 检查轮胎，添加液氮和氮气。"

在出动前检查阶段，地勤组长需要复查所有的维护工作，准备好飞机维护记录表，并向机组人员简要汇报飞机之前各次飞行中的异常情况和维护情况。此时，机组人员通常正在享用他们的牛排和鸡蛋早餐。然后，生理保障处人员会协助机组人员穿戴好飞行服。出动前检查阶段中，地勤组长还要确保飞机上所有的保护罩已经拆下，最终的飞机口盖检查已经完成。

最终的出动检查阶段包括生理保障处人员协助机组人员进入座舱并与座舱连接，发动机开车，飞控检查，飞机从机库滑至起飞线完成最后的轮胎检查，泄漏检查，发动机最大状态检查，并最终起飞。

6.3 详细的维护程序

SR-71 飞机非常独特，因此很多的维护程序和维护设备也不同寻常。这里有几个鲜明的例子，首先是对发动机起动至关重要的三乙基硼烷的操作。三乙基硼烷注入发动机后，能够产生足够高的温度点燃 JP-7 燃油，此时会冒出一阵特殊的青烟。三乙基硼烷遇到空气（准确地说是氧气）即会点燃，因此加注时〔每台发动机一瓶，每瓶 20 美制液体盎司（1 美制液体盎司 ≈ 0.029 57 L）〕需要遵循特定的程序。雷亚解释说："三乙基硼烷由地勤组长团队中专门的人员负责操作。三乙基硼烷也被称作'化学点火系统'，遇到氧气即会燃烧，美国空军只培训了一小部分人员来操作三乙基硼烷。同时，这些人还要学习如何维护三乙基硼烷保障车。在机上进行三乙基硼烷维护需要两人：一人站在机翼上找到发动机舱上的维护口盖，另一人在地面操作三乙基硼烷保障车。当然，两个人都要穿上亮闪闪的银质阻燃防护服，这在冬天很暖和，但到了夏天就会非常痛苦。此外，还会有一辆消防车以及一名穿着防火服的消防员拿着水枪在一旁待命。这样，尽管三乙基硼烷开始燃烧后无法被扑灭，但如果有三乙基硼烷溅出，则可以喷水将其从维护人员身上以及飞机上冲掉，任其燃尽后自行熄灭。离开了氧气，三乙基硼烷看起来是熄灭了，但一旦停止用水或泡沫隔绝氧气，则会立刻复燃,并且更加剧烈。在菲律宾沿海地区失事的最后一架SR-71被打捞上岸之前,已经在水下泡了将近两周时间。而即便如此,在美国海军将其拖出水面时,发动机又开始冒烟,这正是由于三乙基硼烷再次暴露于氧气之中。"

警告:
维护化学点火系统存储箱时,先阅知所有安全须知。

注意:
⚠ 维护右侧发动机化学点火系统时加注车放置位置

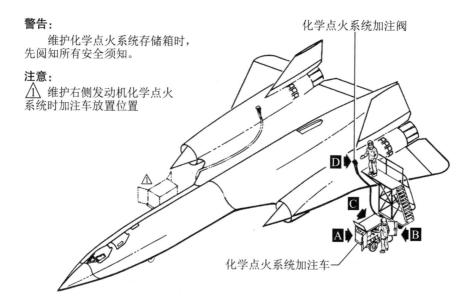

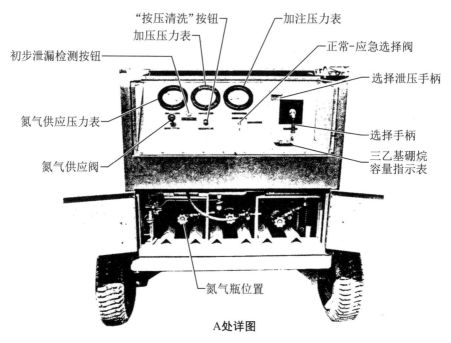

A处详图

▲ 三乙基硼烷加注示意图(美国空军提供)。

第6章
地勤组长的视角

对SR-71的液氧瓶进行维护,是另一项具有危险性的工作,尤其是现场同时还有汽油、滑油和润滑剂等化学物质的存在。飞机上共有三个10 L的液氧瓶,位于左侧的边条内、前座舱的正下方。液氧表在座舱里,通电后可以看到系统1、系统2和备份系统中剩余的液氧量。飞行之前我们都会加注液氧,打开快卸口盖后就能找到全部的三个加注阀。液氧车上有一根可以快速断开的软管,每次只能对一个液氧瓶进行加注,如果液氧经过共用排放管流到了集液盘里,则表明这个液氧瓶已经加满。加注液氧的工作通常由两人一起完成:其中一人为操作员,需要穿戴防护服、面罩、手套等,另一人则充当消防员。液氧维护之所以危险,是因为飞机会漏油,而液氧和油料产品一旦接触就会爆炸。因此,液氧的维护必须在飞机加注燃油之前进行,而三乙基硼烷也是如此。

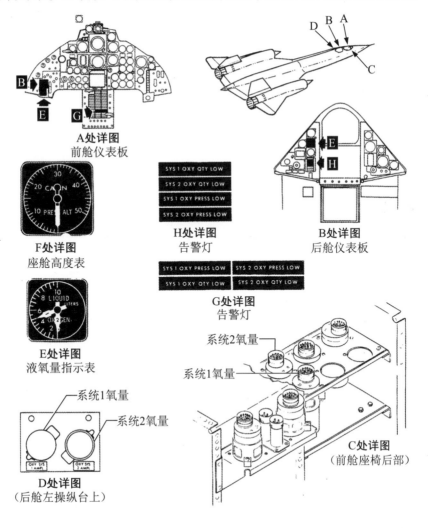

警告：
　　维护液氧系统时，先阅知所有安全须知。

注意：
⚠ 操作液氧时须穿着防护服。

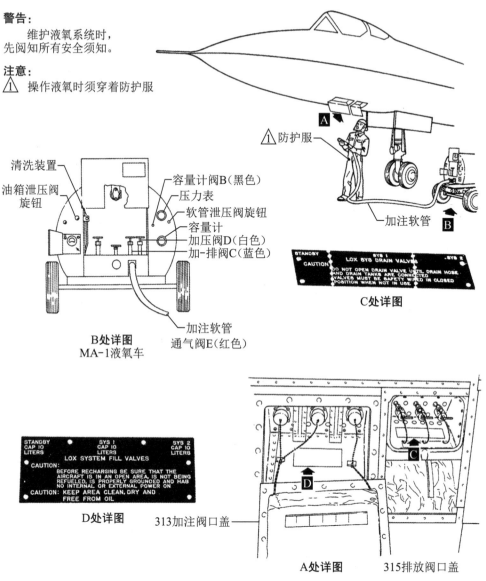

▲ 液氧加注与指示（美国空军提供）。

6.4　无法避免的麻烦——漏油

　　SR-71一直存在的漏油问题归咎于其设计。雷亚说道："SR-71采用了整体油箱机翼形式的油箱系统，这意味着机身油箱和机翼油箱都没有软油箱。

在每一架飞机的制造过程中，密封胶是手工涂在钛金属层上的。油箱的每条接缝、每个铆钉和螺钉上也会涂上密封胶。随着飞机在飞行时温度升高，密封胶会发生热膨胀。而随着时间的推移，热膨胀会使密封胶性能退化，从而导致漏油。多年来，我们尝试过各种更好、更新的密封胶，其中有一些密封胶的效果也非常不错，但成本实在太高。每一次基地级检查时对于与燃油箱相关的工作，美国空军给出的预算是 10 000 工时，而在大多数情况下都会超过这个数字。可即便如此，飞机被送回中队的时候仍然还是在漏油，只是没有那么严重而已。在两次基地级检查之间，我们也会尽力维护油箱，把漏油控制在技术手册规定的范围以内，但受限于人力、飞行计划以及需要停飞的时间等因素，这几乎是不可能实现的。"

漏油的问题会受到密切监控。雷亚回忆道："SR-71-2-5 燃油系统给出了对油箱漏油的限制，以及油箱间的漏油限制。我们也制定了对油箱泄漏情况进行评估的规定，并且会将每架飞机的漏油情况制成图表，随机携带。每架飞机还会随机携带遗留问题清单，说明'油箱泄漏情况见图表'。地勤组长会给飞机加满 80 000 lb 燃油，操作液氮系统对油箱增压，并保持稳定 1 h 左右，然后让燃油专业的专家对漏油情况进行测量和记录。"

JP-7 燃油的最低燃点为 140°F，很难点燃，但如果温度足够高，浸透燃油的任何物体都会燃烧起来。加油与液氧和三乙基硼烷的加注不能同时操作；永远要先完成液氧和三乙基硼烷的加注，然后再给飞机加油，而且是越接近起飞时加油越好。此外，还要避免燃油滴落到轮胎或复合材料的边条上，以防止材料脱层。我还记得第一次看到 SR-71 发动机开车时的场景，落在地上的燃油像小龙卷风一样被吸进发动机，而起动车的排气管一直在向地面喷火。我当时想，这些人实在是太疯狂了。但是，与这架性能优异的飞机以及同样性能优异的燃油打了超过 25 年的交道，我从来没有遇到过起火或是其他问题，我也习惯了它们。对于这架飞机的设计，我表示敬意。

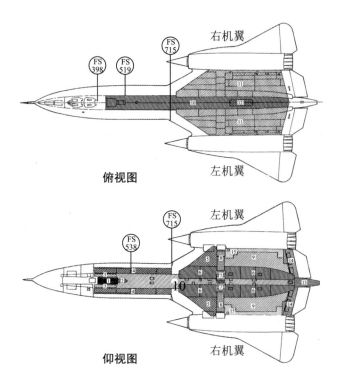

俯视图

仰视图

区域	区域描述	最大允许漏油量
1	前起轮舱	单侧10滴/min
2	前起后护板舱	30滴/min
3	E舱、R舱	单个舱25滴/min
4	左/右、前/后任务设备舱	单个舱25滴/min
5	机翼前下区域，包括主起轮舱前壁	单侧30滴/min
6	机身整流区域	非重要泄漏，但每侧单次漏油量不能超过50滴/min
7	主起轮舱内侧（不包括主起轮舱前壁）	单侧5滴/min，重力加油时不允许有泄漏
8	主起轮舱外侧（不包括主起轮舱前壁）	允许有润湿，不允许有滴油，重力加油时不允许有泄漏
9	机翼后下区域	单侧60滴/min
10	机身	非重要泄漏，但单次漏油量不能超过50滴/min
11	机翼顶部	非重要泄漏，但每侧单次漏油量不能超过60滴/min
12	阻力伞舱	不允许有润湿、积油
13	尾部整流锥（不包括通气和排气管路泄漏）	10滴/min
14	后大梁后部	非重要泄漏，但每侧单次漏油量不能超过60滴/min
15	干舱区域（6A号和6B号油箱外侧）	单侧950 cm³/min

▲ 由于其油箱密封剂易腐坏，"黑鸟"漏油的问题众所周知。因此，需要对具体的漏油区域和漏油量进行测量，并与"允许的"限制范围进行对比，确保漏油情况不会超限（美国空军提供）。

第6章
地勤组长的视角

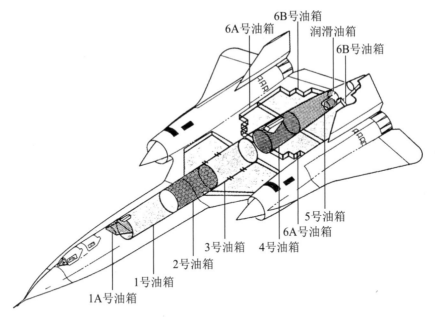

▲ "黑鸟"上安装有一系列连通的燃油箱,如图所示,6号油箱又分为6A号油箱和6B号油箱(美国空军提供)。

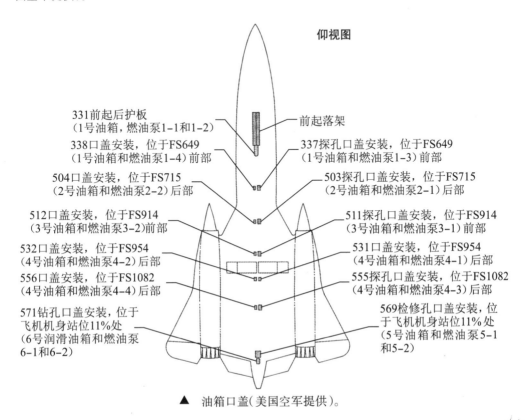

▲ 油箱口盖(美国空军提供)。

6.5 其他维护

由于漏油问题始终存在,使得不仅三乙基硼烷和液氮的维护必须按照特定的顺序进行,其他一些起飞前维护和连续飞行维护程序也需要如此。以加注液氮为例,雷亚对此进行了详细说明:"液氮维护要在起飞之前进行,越晚越好,而这也是因为漏油的问题。机上共有三个液氮真空瓶:其中两个容量为106 L,还有一个容量为50 L。最小的液氮瓶位于左侧边条上部左侧,前座舱下方,而两个106 L液氮瓶则位于前起落架舱内。三个液氮瓶都带有独立的快速断开阀,最小的液氮瓶可以通过一个小口盖进行操作。对三个液氮瓶进行加注时,如果液氮通过排放管流到了集液盘,则表明已经加满。在此过程中,与操作液氧时一样,我们也需要穿上相同的防护服。"

液氮系统本身带有两个散热盘管,一个在1号油箱内,另一个在4号油箱内。两个盘管能够将液氮转化为氮气,进而被抽入油箱,以保持JP-7燃油蒸气的惰性。用氮气替换掉氧气,这样能够切断爆炸性环境,同时为油箱增压。因此,可以想象,完成液氮维护后,油箱内更高的压力会导致漏油更加严重。用氮气增压后的油箱压力将高出环境压力1.5 psi,同时,燃油增压系统将在油箱内形成1.5~3.25 psi的压力差,以保证燃油能够从油箱正向送入发动机。此外,飞机尾锥通气管路上有一个二级泄压阀,可以防止油箱自身的正压超过4.15 psi。

每次飞行都会用到液氮,但飞行时需要携带的液氮量取决于此次飞行的任务剖面。如果飞机起飞后不会马上加速到3马赫以上,则飞机携带的燃油量会减少到45 000 lb。第一次空中加油时,输入的燃油会充满油箱,将余留的空气通过通气系统排出。之后,氮气才会随着油面的降低进入油箱,填满空出的空间。只有此时,飞机才能发挥出全部潜力,加速至2.6马赫以上。

雷亚说:"相比而言,如果飞机起飞后不进行空中加油,而是直接加速到3马赫以上,我们把这种情况称为'摇-摇'机动。在这种情况下为飞机加注液氮是一件非常痛苦的事情。首先,对系统进行维护之前,必须保证1号和4号油箱内各有2 000 lb燃油,如果少于这个量,盘管将会暴露在油箱内的空气中。由于流过盘管的液氮温度极低,可能导致盘管破裂。因此,先要将飞机加满燃油，排出油箱内的所有氧气，并用氮气取而代之。然后，才能对油箱进行放油，直至规定的油量，通常也就是55 000 lb或65 000 lb的JP-7。但是，在此之后还需要保持液氮的量。而由于存在漏油的问题，这个过程会让人浑身湿透。更加麻烦的是，此时还必须清楚到底泄漏了多少燃油，然后再补足燃油，以满足飞行的需要！"

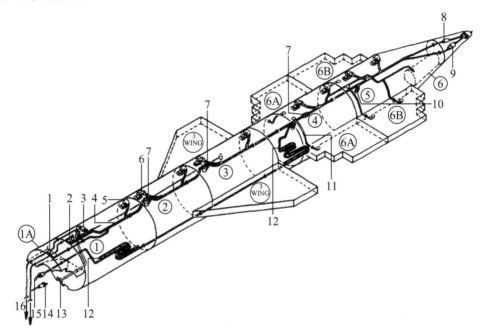

▲ 液氮系统原理图（美国空军提供）。

1—开放式通气管路（1A号油箱）；
2—开放式通气管路（1号油箱）；
3—吸入泄压阀；
4—通气管路；
5—浮子单向阀（共5个）；
6—浮子单向泄压阀（共4个）；
7—液体单向阀；
8—次级通气泄压阀；
9—主通气泄压阀；
10—通气排放阀；
11—机翼油箱到机身油箱顶部的通气管路（共4根）；
12—引自燃油泵出口处的燃油管路；
13—吸入泄压孔（前轮舱）；
14—油箱压力变送器；
15—引自真空瓶中的液氮；
16—至氮气瓶的压力传感器

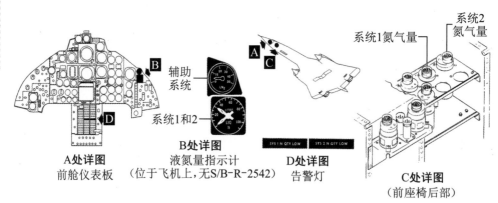

第6章
地勤组长的视角

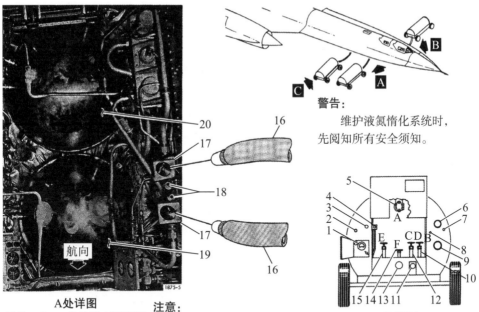

警告：
维护液氮惰化系统时，先阅知所有安全须知。

A处详图
系统1和2-前轮舱（仰视图）

C处详图
液氮运输车

注意：
1. 操作液氮时须穿着防护服。
2. 将这些管路连接上延长软管。

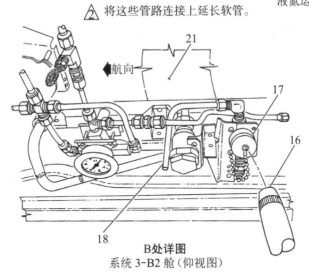

B处详图
系统3-B2舱（仰视图）

▲ 液氮系统加注示意及说明，详见"黑鸟"地勤手册(美国空军提供)。

1—热电偶真空计；
2—按钮；
3—油箱泄压阀旋钮；
4—清洗装置；
5—真空阀A（黄色）；
6—压力计；
7—软管泄压阀旋钮；
8—容量计阀B（黑色）；
9—容量计；
10—加压阀D（白色）；
11—加注接头；
12—加-排阀C（蓝色）；
13—发电机供电线路；
14—发电机供电阀F（绿色）；
15—通气阀E（红色）；
16—传输管；
17—加注通气阀；
18—通气管路；
19—1号真空瓶；
20—2号真空瓶；
21—3号真空瓶

167

漏油所带来的另一个不利影响,就是需要重新对一些重要的活动部件进行润滑。雷亚表示:"泄漏的燃油常常会冲掉前轮转弯部件上的润滑脂,导致转向困难。因此,我们往往需要在飞行前对一些区域进行润滑,包括转向轴套、转向杆连杆(2处)和扭力臂(6处)。"

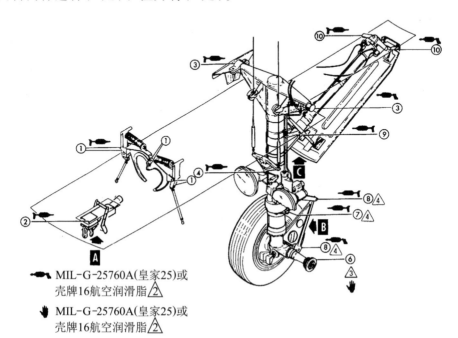

◀─ MIL-G-25760A(皇家25)或
　　 壳牌16航空润滑脂 ②

▼ MIL-G-25760A(皇家25)或
　　 壳牌16航空润滑脂 ②

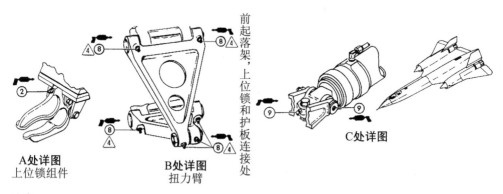

A处详图
上位锁组件

B处详图
扭力臂

前起落架,上位锁和护板连接处

C处详图

注意:
1. 每50飞行小时进行润滑。
② 批准的润滑油供应商:分别是新泽西州汉诺威市滨河路皇家润滑油公司,或加利福尼亚州马丁内斯市壳牌石油公司。
③ 在安装机轮时或每75飞行小时进行机轮轴承润滑,以先到为准。
④ 每次飞行前2h进行连接件润滑。

页码 3-3	工作区 14	资料编号和日期 SR-71-6WC-1HPO 1981 年 12 月 1 日
	检查类型 飞机机械	
检查要求 润滑		下电

前起落架、上位锁和舱门连接

1. 舱门作动连接(6 处)
2. 前起落架上位锁钩
3. 耳轴
4. 转向输入杆(2 处)
5. 已删除
6. 机轮轴承(每个机轮 2 处)
7. 转向杆连杆(2 处)
8. 扭力臂(6 处)
9. 收放作动筒通用接头(2 处)
10. 收放作动筒十字耳轴(2 处)

▲ 由于机体存在大量漏油问题,起落架的润滑必须进行仔细检查和操作。技术手册中规定了需要在飞行前 2 h 进行润滑的部件,以及每 50 和 75 飞行小时需要处理的其他部件(美国空军提供)。

在阶段Ⅰ和阶段Ⅱ的检查中,以及其他一些重要时刻,我们会频繁地对其他一些部件进行检查。雷亚指出:"例如轮胎,飞机每次牵引或飞行之后,我们都会检查轮胎是否有划伤、磨损或外来物损伤。我们有很多标准来判断是否需要更换轮胎,包括划伤限制、磨损痕迹和凹陷、红线外露或到达 15 次着陆标记。在对轮胎进行飞行前的维护和检查时,我们希望看到的结果是,在起飞前的 6~8 h,前轮胎压为(250±1) psi,主轮胎压为(415±1) psi。在起飞前的 2~3 h,还会再次检查胎压,并按照两类压力损失限制标准对两次检查的胎压之差进行评估。"

"第一类限制是最小容许压力,此时不考虑温度变化,也不考虑新轮胎的尺寸增大。前轮为 240 psi,主轮为 400 psi。第二类限制是考虑温度变化或新轮胎尺寸增大情况下的最小容许压力,前轮为 235 psi,主轮为 390 psi。如果胎压小于最小容许压力,则必须在起飞之前更换轮胎。我们工作时的判断准则是:环境温度每升高或降低 1°F,前轮压力将升高或降低 0.453 psi,主轮压力将升高或降低 0.750 psi。是否是新轮胎这一点非常重要,因为轮胎尺寸增大会造成胎压降低,如果轮胎是全新的或是只飞行过一两次,则很可能会出现这种现象。"

其他检查项中也会采用与此类似的程序——记录温度或压力读数，按照预定要求等待一段时间，然后重复测量，确定温度或压力的升高或降低是否会对这一架次的飞行带来灾难性的影响，或者甚至是危及机组人员的生命。雷亚说："这些检查项包括给刹车蓄压器充氮。液压瓶和蓄压器也会受到环境温度的影响，每个液压瓶和蓄压器旁边都有记录数据的牌子，标明了维护时的环境温度以及对应的压力。"

准备SR-71的飞行需要耗费大量的工时，需要进行检查的部件和系统仿佛无穷无尽。雷亚简单说明了飞机主要系统所需的一些维护操作，同时还介绍了几个不大为人所知的部件，例如座舱盖配重系统。"正常情况下，座舱盖是手动开启和关闭的。前后座舱盖都带有配重系统，利用一个以氮气增压的作动筒来帮助开启和关闭座舱盖。如果没有这个系统，座舱盖会沉得要命，可能需要两个成年男子和一个男孩才能把它们抬起到上位锁的锁定位置。关闭时也是一样，松开上位锁的时候最好用手稳住座舱盖慢慢放下！如果觉得座舱盖太重而不得不松手，那么一定要确保座舱盖不会砸到你的腿脚。对前后座舱盖的维护需要分开进行，用压力表分别对两个作动筒进行测量，前舱应为 300 psi，后舱应为 225 psi。此外，在大约半开的位置，在没有外力支撑的情况下，座舱盖应保持平衡。如果座舱盖不能保持平衡，需要手动打开座舱盖至全开位置，然后升高或降低作动筒压力。这是很多维护人员经常犯错的检查项目之一，总是忘记取掉座舱盖玻璃上的塑料保护罩，带着保护罩对座舱盖进行调平。结果去掉保护罩的时候，座舱盖会向上飘。看到这种情况，你就知道他们是错在哪里了。"

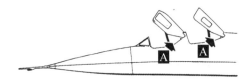

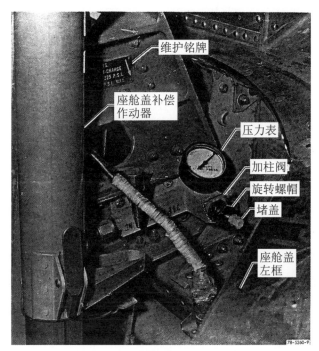

A处详图
座舱盖配重系统的维护连接处
（后座舱）

注意：
⚠ 前座舱和后座舱的维护连接处相似。
▲ 没有经验的维护人员在做座舱盖配重系统的配重平衡时，也容易因忘记取掉座舱盖玻璃上的保护罩而出错（美国空军提供）。

　　除了SR-71-6WC-1PRPO中规定的标准项目外，在冬季的环境条件下，还必须执行一些特殊的维护程序。"尤其是发动机滑油，在冬天里需要预热。冷的滑油像糖浆一样浓稠，要使发动机能够自由转动和起动，需要将滑油预热到70°F。同时，为了在飞行之后对发动机进行维护，还需要将发动机维护车保持在150°F的隔热箱里。这也是检查滑油消耗量的唯一一种方法：加满滑油至溢出，然后测量加注的滑油量和溢出的滑油量，两者之差就是飞行中消耗的滑油量。通常情况下，滑油的消耗量为每飞行小时 1.6 品脱（1 品脱 ≈ 473.176 473 mL）。此外，我们还要进行'液压模拟工作'，将液压油加热至 600 °F，然后用专用的液压车将液压油送入飞机系统。这种由朗森公司研制的液压车带有内置的加热器。在更换飞控作动器或伺服机构后，或断开特定数量、直径的液压管路后，需要执行这项检查，模拟液压油在飞行时的温度。这样，我们就可以在飞行之前，在地面上检查是否存在液压油的泄漏。"

1966 年，卢·威廉姆斯成为了一名"黑鸟"的维护人员。之后，他进入了洛克希德·马丁公司，成为了一名外场服务代表。威廉姆斯补充道："液压系统需要进行多项检测，需要多个专业对液压油中的氧气含量进行抽样测试，以防止伺服机构在飞行中氧化沉积。如果不检查这一项，最终会导致转子静摩擦。如果飞机出现故障要更换伺服机构，则需要多个专业的参与。其中，液压专业和增稳系统专业最为关键。液压专业负责拆下并更换伺服机构，然后进行压力测试和液压模拟工作测试。之后，增稳系统专业负责进行频率响应测试，验证伺服机构是否达到可用状态。这一点总是会引起争论，因为如果伺服机构出现故障，液压专业并不想进行液压模拟工作测试；而如果伺服机构没有进行工作测试，增稳系统专业也不想耗费好几个小时进行频率响应测试。于是就这么拖着，直到数字式自动飞行与进气道控制系统装上飞机。而等到数字式自动飞行与进气道控制系统装机后，又没有必要再进行频率响应测试了，因为计算机在几秒钟之内就能完成这项测试。"

威廉姆斯回忆道："如果对飞机进行了任何预定维护以外的维护工作，则在飞行之前需要向机组人员简要汇报故障情况、故障原因以及排故措施。这通常是在机组人员在生理保障处穿戴飞行服之前进行。机组人员到达飞机处时，气氛会达到高潮！此时备份机组已经绕飞机完成了目视检查，地勤组长将完成最后的检查并拆下飞机上剩下的保护罩。随着机组人员进入座舱，所有人会更加兴奋！然后，'别克'起动车与发动机连接，并开始工作，发出巨大的噪声！你会感受到一股令人兴奋的力量，而当三乙基硼烷点火引燃发动机时，会闻到一种独特的气味。哇！'别克'还在高速运转，但喷气发动机的噪声很快就会将其淹没。此时，我们就能知道一切正常，现在可以起动另一台发动机了！"

6.6 "别克"起动车

"我们先后使用了三种不同的起动系统来起动SR-71的发动机，"雷亚说道，"首先就是著名的'别克'起动车：两台'别克野猫'V8发动机并排安装在AG330起动车上，与一条传动带以及一个顶部带有齿轮的探头相连。液压将齿轮升起到位后，齿轮会与J58发动机起动机传动座上的齿轮槽啮合，这个传动座属于发动机主机匣的一部分。后来，由于美国空军无法买到'别克野猫'V8发动机，只得研发了第二个版本的起动车，搭载'狩猎454'V8发动机，其他结构则与'别克'起动车完全相同。"

▲ 一排"别克"起动车，每台起动车搭载两台"别克"V8发动机且没有进行消音。起动车通过一根直连传动轴带动J58到3 200 r/min的转速，然后机上发动机便能靠自有动力开车（洛克希德公司提供）。

最为简单的第三种起动方法采用气动起动系统：在发动机起动机传动座上用螺栓安装了一个转接器，用于连接气动涡轮。比尔空军基地的机库就引入了这种系统，外置的空气压缩机和储气罐通过管道连入了各个机库，提供气源。飞机两侧的机库墙上各有一根气管与气动涡轮相连，墙上还安装了按钮控制开关。

"只要有两台涡轮、四根气管（每台涡轮两根）、一根总管以及四台美国空军的MA-1A、M-2或A/M32-60型气源/电源车，这种气动起动系统可以在任何地方使用，而这些设备在全世界所有的美国空军基地里都能找到。同时，相较于'别克'或是'狩猎'起动车，这套系统很容易地就能装进加油机里。当然，也有人会喜欢之前的起动车，因为他们喜欢V8发动机排气管里倾泻而出的轰鸣声。但是，说这话的这些人都不用把起动车推到飞机下面，忍受飞机的漏油,也不用从一大堆起动车里找到还能正常工作的那几辆。而对我来说,无论任何情况下我都会选择气动涡轮。"

起动发动机进行地面检查是一项繁重但很有成就感的工作,雷亚说:"首先要准备两台能正常工作的起动车,把它们拖到飞机下面。然后,确保机内燃油充足,相应油箱内的供油泵断路器已经设置好,并且机上还有足够的三乙基硼烷。接下来,查看维护表,检查进气道是否存在外来物,并按照准备检查单一项一项地进行检查。准备检查单大概有10页左右,每一页约有25个检查项目。之后,与其他地勤人员沟通,得到维护工作监控人员的许可后起动发动机,另外还要与塔台联系,表明准备起动发动机,这样他们才不会以为是有人劫持了一架SR-71!同时,这样还能确保在准备起动发动机时,万一发生意

▲ 在紧张的24 h准备周期后,终于开始进入正式"表演"。"黑鸟"滑行到"跑道端头"并将在那里完成起飞前的最后一次检查。这名地勤人员将双手交叉举过头顶,示意飞行员脚踩刹车保持刹车压力,直到放置好轮挡(保罗·F.克里克莫尔提供)。

外需要消防车,塔台就能够随时呼叫。"

与其他地勤人员沟通时,通过问答的形式来确认以下事项:轮挡和起落架保险销是否到位,左右发动机进排气是否通畅,灭火器是否就位,滴油管嘴是否有燃油滴出(有燃油滴出则表明三乙基硼烷管路畅通)——发动机准备起转。

起动车与发动机连接后,可以在转速表上看到发动机转速。在转速达到1 000 r/min之前,平稳地将油门杆从"停车"推至"慢车"位置。如果发动机没有出现起动转速悬挂的问题,发动机指示灯将在移动油门杆后的15 s内熄灭。而如果发动机起动转速悬挂,则需要迅速将油门杆从"慢车"收至"停车",然

▲ 飞机停稳放置轮挡后,地勤人员快速跑到飞机下,检查是否有异常泄漏(却常被"正常"的漏油而浸湿)、口盖缺失或松动以及其他异常现象。一旦完成这些表面检查,"黑鸟"就进入了飞行准备状态(保罗·F.克里克莫尔提供)。

▲ 返场后,维护活动继续,大约有14人涌向"黑鸟"。仅需数分钟,"黑鸟"便可再次达到飞行准备就绪状态,开始下一周期的循环(保罗·F.克里克莫尔提供)。

后再迅速推到"慢车",让三乙基硼烷再次进行点火。起动过程中的排气温度最高为565°C。在转速达到3 200 r/min时断开起动车。滑油压力在转速显示后的30 s内显示。转速将在90 s内稳定在每分钟(3 973±50)r/min。慢车转速下,滑油压力为35 psi,液压压力为3 100~3 600 psi,燃油流量为4 000~6 500 lb/h,喷管位置为100%开度,排气温度为350~565°C。注意,当压气机进气温度低于60°C/140°F时,发动机应保持3 925~4 025 r/min的恒定慢

车速度。现在,发动机正在以慢车状态工作。这可真是忙碌的90 s!

而在座舱外,负责操作起动车的维护人员也面临着同样的挑战,要设法将各项参数精准地控制到规定的范围之内。起动车维护人员要确认起动车控制板上的三个绿色指示灯已经亮起,然后缓缓下推起动车上的油门杆开始起转。实际上,起动车维护人员关注的并不是起动车的转速,而是扭力表,要确保扭力始终低于700 lb。通过排气门和进气门看见三乙基硼烷点火后,全力下推起动车的油门杆,同时要盯紧扭力表!然后,等待指令,在发动机转速达到3 200 r/min时断开起动车。在这整个过程中,最好祈祷起动车不要断杆,也不要发生逆火或爆炸。如果一切都正常,还是需要等待发动机转速为3 200 r/min的指令,然后断开起动车探头与发动机的连接:首先断开开关;如果无效,打开探头上的放气阀,再用力摇晃探头,使其与发动机断开。对于起动车维护人员来说,这也是非常忙碌的90 s。

6.7 飞机故障

无数的维护人员、专业人员和保障部门,用艰辛的付出和高超的技能把飞机的出勤率保持在了一个较高的水平,由于维护的原因而导致飞行取消的次数屈指可数。但即便如此,威廉姆斯也承认:"飞机偶尔也会在飞行中出现故障,不得不在其他机场备降。这种情况会导致一系列事件的发生,要准备好各种地面操作设备去回收飞机。在我看来,这非常神奇。此时,会有人与机组人员取得联系,弄清需要迫降的原因。有时或许只是线缆松动导致发动机滑油灯亮起,但这种情况确实也要求机组人员就近着陆;有时是电气系统的恒速传动机构(Constant Speed Drive,CSD),也就是连接在发动机上的一台发电机,导致发电机掉网;有时是其他各种原因。与机组人员进行了沟通,并对故障原因进行充分评估之后,更换件此时已经准备完毕并运送到了集合点。一架携带了JP-7燃油的KC-135'同温层加油机'将在此待命,机上还装载了起动车、地面操作设备以及大量的工具。同时,由各专业人员组成的工作组,带着所有可能会用到的工具和设备,也会一起登上加油机。整个过程通常需要4~5 h,然后,我们就可以出发去回收飞机了。"

附　　录

"黑鸟"家族及其前身，打破过多项世界纪录，作为载机发射过无人机，为美国国家航空航天局进行过试验性研究，其大胆的探索曾多次成为世界头条。以下的附录简要列出了"大蛇"的一些重要成就，同时还给出了这架飞机历史上一些鲜为人知的细节。

▲ 一架美国国家航空航天局的SR-71A滑出并驶向跑道，像一只巨型昆虫，两台J58发动机留下热浪浮动的尾流（美国国家航空航天局提供）。

附录Ⅰ　"标签板"项目

在鲍尔斯驾驶的U-2侦察机被苏联击落，美国政府决定停止使用有人机飞越中国和苏联领空之后，1962年10月10日，"臭鼬工厂"获得授权着手开展一型无人驾驶平台的可行性研究，即能否为美国中央情报局生产一款3马赫速度以上的无人机。A-12（早前阶段编号为Q-12）沿用了带边条的三角翼气动布局，最初飞行试验的结果给设计团队带来了极大的信心，因此飞行器在后续的发展进化中也沿用了这种布局。

借鉴参与X-7项目的经验，洛克希德公司为无人机配装了由马夸特公司研制的XRJ43-MA20S-4高速冲压喷气发动机。为了提供足够的推力来起动冲压喷气发动机，无人机需要从经过专门改装的A-12上以3.13马赫的速度发射。为此，A-12在飞行员后方的相机舱（Q舱）内增设了发射控制员（Launch Control Officer, LCO）席位。洛克希德公司一共对两架A-12进行了改装，生产编号分别为134和135，序列号分别为60-6940和60-6941。为了避免与A-12"牛车"的混淆，这种"子母机"的组合被重新命名为M-21和D-21。无人机的设计考虑为"单程飞机"，即只能飞行一次。无人机上的集成单元中包含了平台的惯性导航系统、由宏康公司研制的侦察相机以及最重要的图像胶卷。任务完成后，无人机会在安全的公海区域弹射出集成单元，然后集成单元在伞降期间被空中回收系统（Mid-Air Recovery System, MARS）收回，而无人机的其他部分将爆炸自毁，坠入海中。

1964年8月12日，编号为

▲ "标签板"项目的母机和子机已经整装待发，即将与F-104"星"式战斗机一同在51区开始起飞滑跑（洛克希德公司提供）。

▲ 60-6940号M-21飞机在退役前完成了80个飞行架次，累计123.9个飞行小时（洛克希德公司提供）。

▲ 原计划是采用火工品来分离D-21上脆弱的机头和尾翼整流罩部分，但是在第一次分离测试时，D-21的前缘襟翼还是出现了损伤（洛克希德公司提供）。

501 的 D-21 无人机由伯班克送至 51 区，并在此完成了静力试验。12 月 22 日，D-21 与 M-21 组合后成功完成了首次飞行。在进行了大量的技术攻关后，1965 年 5 月，两机组合准备进行 2.6 马赫速度的飞行，但并未成功。直到 10 月 21 日，M-21 换装了全新的 34 000 lb 推力的 J58 发动机之后，才达到了所需的发射速度。而此后，又经历了各种延期之后，项目最终在 1966 年 3 月 3 日完成了 D-21 的首次发射，无人机与载机正常分离，但在飞行 120 mile 后坠入了太平洋。尽管如此，此次发射至少成功地对发射技术进行了演示验证。于 4 月 27 日进行的第二次飞行也非常成功，D-21 的航程达到了 1 200 n mile，全程的实际飞行轨迹偏差保持在预定航路 0.5 mile 以内，飞行速度达到了 3.3 马赫，飞行高度达到了 90 000 ft。此次飞行的最后，由于液压泵的故障，无人机坠落。而就在此时，凯利·约翰逊建议用 B-52 代替 M-21 作为载机，并采用火箭助推方式将无人机送至所需的速度和高度。

成功进行了该方案的演示

▲ D-21 安装在 M-21 60-6941 母机上，但是在 1966 年 7 月 30 日进行的分离试验过程中，M-21 失事了（洛克希德公司提供）。

▲ 在挂载两架 D-21B 飞行时，"高级碗" B-52H 还挂载了超过 42 500 lb（约 19 300 kg）的任务载荷（美国空军提供）。

▲ D-21B 的火箭助推器能在点火后的 87 s 内产生 27 300 lb（约 12 400 kg）推力。在助推器燃料耗尽时，D-21B 已达到飞行马赫数 3.2——该速度足以起动"马夸特"的冲压喷气发动机（美国空军提供）。

验证后,第二份包含15架D-21的订单于4月29日如期而至。基于"更高的安全性、更低的成本以及更远的部署距离"的考虑,凯利正式向战略空军司令部提出使用B-52H来发射无人机。事后证明,这一建议非常具有先见之明。

6月16日的第三次发射也很顺利,无人机航程达到了1 600 n mile,并且完成了8次预定转弯。可惜好景不长,灾难很快就在7月30日的第四次飞行中降临,D-21第504号机在分离机动的过程中与载机相撞。M-21以3.25马赫的速度上仰,前机身断裂。尽管两名机组人员都成功弹射,但发射控制员雷·托利克在落海后由于压力飞行服进水而不幸溺亡。

1966年8月15日,在华盛顿举行的会议决定终止"标签板"项目。而在此后D-21停飞的一年间,又启动了一项代号为"高级碗"的新项目。两架隶属于比尔空军基地第4200试飞联队的B-52H被改装为发射平台。正如凯利之前的设想,D-21采用了与X-7类似的方式,在与载机分离并最终坠海之前,利用火箭助推达到所需的速度和高度。然而,与其前身"标签板"项目一样,"高级碗"项目也受到了很多质疑,并最终于1971年7月23日下马。因为在那时,卫星被证实是更加可靠、效费比更高的方式。

附录Ⅱ "黑鸟"创造的纪录

下文所列出的纪录在当时均经过国际航空联合会(Federation Aeronautique Internationale,FAI)的认证,在看到这些惊人的数字时还要注意一点,就是它们并不能代表SR-71的极限能力。例如,1965年11月20日,一架A-12达到了超过3.2马赫的速度,并且在超过90 000 ft的高度持续飞行。美国中央情报局的A-12在首次作战部署时,飞行员米尔·沃伊伏蒂奇驾驶131号机仅用了6 h 6 min就从51区飞到了冲绳的嘉手纳空军基地。如果不是出于保密上的考虑,这无疑会成为新的跨太平洋飞行速度纪录。而随着时间的推移,经过深度改进、更为简洁的苏制米格-25打破了SR-71早期创造的一些纪录。然而,苏联没能在此基础上进一步研制出一款能够对SR-71构成严重威胁的作战飞机,这也有力地证明了米格-25仅仅是一款以研究为目的的喷气式飞机。

YF-12A 创造的纪录

选择在1965年5月1日对YF-12令人惊叹的性能进行演示验证,这也许并非巧合。正是在五年前的这一天,加里·鲍尔斯所驾驶的U-2在飞越苏联领空时被苏联的一枚SA-2地对空导弹击落。

纪录	绝对高度80 257.86 ft(约24 390 m)
机组人员	飞行员罗伯特·L."福克斯"·斯蒂芬斯上校,火控系统操作员丹尼尔·安德烈中校
飞机	YF-12A,60-6936
纪录	直线航路绝对速度2 070.101 mile/h(约3 331.151 km/h)
机组人员	飞行员罗伯特·L."福克斯"·斯蒂芬斯上校,火控系统操作员丹尼尔·安德烈中校
飞机	YF-12A,60-6936
纪录	500 km闭合航路绝对速度1 688.889 mile/h(约2 718.004 km/h)
机组人员	飞行员沃尔特·F. 丹尼尔中校,火控系统操作员詹姆斯·P. 库尼少校
飞机	YF-12A,60-6936
纪录	1 000 km闭合航路绝对速度1 643.041 mile/h(约2 644.219 km/h)
机组人员	飞行员沃尔特·F. 丹尼尔中校,火控系统操作员诺埃尔·T. 沃纳少校
飞机	YF-12A,60-6936

▲ YF-12A第936号机机腹处有一块大的白色横条,这是为了协助国际航空联合会的地面摄像头进行跟拍,追踪其在1965年5月1日上演的破纪录飞行(洛克希德公司提供)。

▲ 飞行员罗伯特·L."福克斯"·斯蒂芬斯上校以及火控系统操作员丹尼尔·安德烈中校共同创造了1965年5月1日的世界最快绝对飞行速度和最高绝对飞行高度纪录(洛克希德公司提供)。

SR-71 创造的纪录

毫无疑问，SR-71 首次引人注目的头条新闻就是其跨大西洋飞行的速度纪录，在此后超过 37 年的时间里，这些纪录都未被打破。

纪录	1974年9月1日，纽约至伦敦认定航线上的飞行速度
机组人员	飞行员詹姆斯·V. 沙利文少校，侦察系统操作员诺埃尔·F. 威迪菲尔德少校
距离	3 490 mile
用时	1 h 54 min 56.4 s
飞机	SR-71A，61-17972
纪录	1974年9月13日，伦敦至洛杉矶认定航线上的飞行速度
机组人员	飞行员哈罗德·B. 亚当斯上尉，侦察系统操作员威廉·C. 马赫雷克上尉
距离	5 645 mile
用时	3 h 47 min 35.8 s
飞机	SR-71A，61-17972

以下的飞行记录是为了庆祝美国建国 200 周年。

纪录	1976年7月27—28日，水平飞行高度85 068.997 ft（约25 929.031 m）
机组人员	飞行员罗伯特·C. 赫尔特上尉，侦察系统操作员拉里·A. 艾里奥特少校
飞机	SR-71A，61-17962
纪录	1976年7月27—28日，15/25 km直线航路速度2 193.167 mile/h（约3 529.56 km/h）
机组人员	飞行员埃尔顿·W. 吉尔兹上尉，侦察系统操作员乔治·T. 摩根少校
飞机	SR-71A，61-17958
纪录	1976年7月27—28日，1 000 km闭合航路速度2 092.294 mile/h（约3 367.221 km/h）
机组人员	飞行员阿道夫斯·H. 布莱德索少校，侦察系统操作员约翰·T. 富勒少校
飞机	SR-71A，61-17958

▲ SR-71A第972号机在范堡罗航展上赢得特别关注，其在1974年9月1日创造了纽约至伦敦认定航线上新的跨大西洋飞行速度纪录（鲍勃·阿切尔提供）。

▲ 飞行员詹姆斯·沙利文少校以及侦察系统操作员诺埃尔·威迪菲尔德少校驾驶SR-71首次飞到英国，并在此过程中创造了新的跨大西洋飞行速度纪录，于范堡罗接受应得的祝贺（洛克希德公司提供）。

▲ 9月13日，SR-71第972号机准备离开英国皇家空军米尔登霍尔空军基地。飞机在返程中再次创造了伦敦至洛杉矶认定航线上新的飞行速度纪录（鲍勃·阿切尔提供）。

▲ 1976年7月27—28日进行的系列飞行中，SR-71A第958号机创造了15/25 km直飞航路以及1 000 km闭合航路的飞行速度世界纪录（洛克希德公司提供）。

▲ 正在比尔空军基地庆祝SR-71在1976年创造的系列飞行纪录，从左至右依次为乔治·摩根少校、凯利·约翰逊、艾尔顿·吉尔兹上尉、约翰·富勒少校、布莱恩·肖茨中将、阿道夫斯·布莱德索少校、拉里·艾里奥特少校、罗伯特·赫尔特上尉（洛克希德公司提供）。

最后，在项目被过早地终止之后，尽管战略空军司令部的部分官员极力防止SR-71再出风头，但还是诞生了以下纪录。

纪录	1990年3月6日，在洛杉矶至东海岸认定航线上的飞行速度
机组人员	飞行员艾德·叶尔丁中校，侦察系统操作员约瑟夫·T.维达中校
距离	西海岸至东海岸，2 086 mile（约3 356 km）
用时	1 h 7 min 53.69 s，平均速度2 144.83 mile/h（约3 451.03 km/h）
距离	洛杉矶至华盛顿特区，1 998 mile（约3 215 km）
用时	1 h 4 min 19.89 s，平均速度2 144.83 mile/h（约3 451.03 km/h）
距离	圣路易斯至辛辛那提，311.44 mile（约501.11 km）
用时	8 min 31.97 s，平均速度2 189.94 mile/h（约3 524.37 km/h）
距离	堪萨斯城至华盛顿特区，942.08 mile（约1 515.81 km）
用时	25 min 58.53 s，平均速度2 176.08 mile/h（约3 501.13 km/h）
飞机	SR-71A，61-17972

▲ 侦察系统操作员约瑟夫·维达中校（左）和飞行员艾德·叶尔丁中校（右）共同驾驶SR-71A第972号机完成了1990年3月6日的破纪录飞行（美国空军提供）。

▲ SR-71A第972号机获得的为数不多的认定证书之一，证明其在"高级皇冠"项目结束后的1990年3月6日，从洛杉矶飞往华盛顿的认定航线中创造了新的飞行速度世界纪录（保罗·F.克里克莫尔提供）。

附录Ⅲ 美国国家航空航天局的飞行项目

1967年,美国国家航空航天局与美国空军达成协议,获得了早期A-12研制时的风洞试验数据。而作为交换条件,美国国家航空航天局派遣了一支高水平的工程师团队参与SR-71的飞行试验项目。在吉恩·马特兰加的带领下,来自美国国家航空航天局阿姆斯飞行研究中心(Flight Research Center, FRC)的团队在爱德华空军基地参与了SR-71的稳定性和控制等方面的各项研究工作。美国国家航空航天局团队的工作加快了SR-1的研制进度,同时也强化了美国空军与美国国家航空航天局之间的合作关系。

美国国家航空航天局的预先研究与技术处认为A-12和F-12项目是非常重要的技术成果,能够为未来研制商用超声速运输机(Supersonic Transport, SST)提供大量的飞行数据。利用X-15和XB-70项目取消后腾出的资金,美国国家航空航天局于1969年6月5日与美国空军签署了一项备忘录,获准使用当时已经停飞的两架YF-12。根据协议,美国国家航空航天局负责出资安装好两架飞机的所有测量设备,然后由美国空军空天防御司令部(Aerospace Defense Command, ADC)提供维护和后勤保障。

项目第一阶段于1969年12月11日启动,停飞三年后的YF-12飞机从爱德华空军基地再度升空。第一阶段由美国空军管理,内容包括制定指挥和控制的限制条件,并探索轰炸机在面对性能与YF-12相当的敌方截击机时的突防战术。该阶段于1971年6月24日终止,使用60-6936号机共飞行了63个架次,该飞机也是美国空军试验一直所用的飞机。在最后一次飞行末段,飞行员杰克·莱顿中校和系统操作员比尔·柯蒂斯少校正准备进入五边飞行并在爱德华空军基地着陆时,机上一根燃油管路疲劳断裂,导致飞机突然起火,火焰在飞行第四边时迅速蔓延至整个机身。两名机组人员安全弹射,而963号飞机则坠落于干涸的湖床中心并完全损毁。

当YF-12飞机进行飞行准备时,美国国家航空航天局飞行员唐纳德·L.马利克和费祖赫·L.富尔顿完成了美国空军关于SR-71B的培训,这两名飞行员也承担了第二阶段绝大多数的飞行任务。此后,美国国家航空航天局的两名后舱人员维克托·霍顿和雷·扬由比尔·坎贝尔中校驾驶YF-12完成了带飞培训,由此开始了民用项目的研究。YF-12这种高速平台的应用非常广泛,美国国家航空航天局兰利研究中心想用其进行气动试验和先进结构试验,刘易斯研究中心想要借其研究动力系统,而阿姆斯研究中心则关注进气道气动特性以及风洞数据与飞行数据相关性的研究。此外,YF-12飞机还用于支持多个专项试验项目。概言之,通过逐步解决早期试验项目中出现的问题,美国国家航空航天局期望降低未来商用超高速运输机的设计风险,避免出现造成重大损失的失误。

▲ 20世纪70年代,美国国家航空航天局试飞团队站在60-6935号YF-12A飞机前,从左至右依次为雷·扬、费祖赫·富尔顿、唐纳德·马利克、维克托·霍顿(美国国家航空航天局提供)。

▲ 约翰·曼克驾驶F-104进行伴飞,费祖赫·富尔顿和维克托·霍顿驾驶YF-12,而唐纳德·马利克和雷·扬则驾驶SR-71A第951号机——当时由于政治原因也称为YF-12C(美国国家航空航天局提供)。

1970年6月16日,6935号机在完成其第22次飞行任务后,停飞了9个月来进行仪表改装。1971年3月22日进行功能检飞后,又在未安装折叠式腹鳍的情况下进行了4次飞行,用于评估飞机在速度高达2.8马赫时的航向稳定性。

由于美国国家航空航天局需要数量更多的飞机,美国空军在1971年7月16日再次向美国国家航空航天局提供了一架SR-71A飞机,生产编号2002,序列号61-17951。该飞机在其整个寿命期内一直用于承包商的飞行试验项目,但美国空军出于保密敏感性的考虑,声称其只用于动力系统试验。另外,该架飞机被赋予了新的编号06937,在美国国家航空航天局试验项目中一直被称为YF-12C,并于1972年5月24日进行了归属于美国国家航空航天局后的首飞。

美国国家航空航天局在多项研究过程中发现,在高速条件下,该飞机中心锥运动和放气门操作对飞行航迹的影响几乎与升降副翼和方向舵一样有效。此外,为了改进未来混压式进气道设计,美国国家航空航天局在控制试验中对动力系统和飞行控制进行了综合。

霍尼韦尔公司和洛克希德公司资助研发了中央机载性能分析仪(Central Airborne Performance Analyser, CAPA),并由美国国家航空航天局完成安装和试验。试验效果极好,因此之后便配装于SR-71作战飞机上。综合自动保障系统可隔离故障,并使用0.5 in磁带来记录170个机载子系统的性能,这些子系统大多与进气道控制相关。事实证明,对这种机载监视和诊断系统进行事前或事后分析,效费比极高,并能大大缩短维护工时。

1978年9月28日,编号为60-6937的YF-12C飞机(前身是编号为61-17951的SR-71A飞机)在完成第88次美国国家航空航天局飞行任务后从该项目退役,并封存于棕榈谷。编号为60-6935的YF-12A飞机则继续担负试验任务,一直到项目终止,共为美国国家航空航天局飞行了145个架次,最后一次飞行由费祖赫·富尔顿和维克托·霍顿在1979年10月31日完成。一周后,詹姆斯·V.沙利文上校和R.乌普斯托姆上校驾驶该飞机转场至位于俄亥俄州代顿的美国空军博物馆,并成为该博物馆内唯一的YF-12展品。

自"标签板"项目(1964—1966年的M-21/D-21无人机评估项目)以来,挂载最大外部载荷最为雄心勃勃的一项试验于1997年10月31日启动。首次飞行持续了1 h 50 min,标志着线性气塞式发动机SR-71飞行试验(Linear Aerospike SR-71 Experiment, LASRE)的正式开始。飞行过程中,编号为61-17980的飞机(NASA编号844)最大速度达到了1.2马赫,飞行高度33 000 ft。1998年3月4日,进行了第一次冷态流场飞行(共三次),飞行过程中使用氦气和液氮循环流过波音-洛克达因的J2-S线性气塞式发动机。然而,在飞机上却发现了多处低温燃料泄漏。尽管发动机完成了两次地面热起动(共计3 s),但是在空中利用液氢燃料起动发动机仍然过于危险。调查发现,处理燃料泄漏困难重重且代价高昂,因此该项目于1998年11月终止。1999年10月9—10日,美国国家航空航天局的SR-71飞机参与了爱德华空军基地的周末开放日。自此之后,这些飞机都被列为"可飞行资产"并封存,等待条件成熟和资金到位后用于后续的"进入太空"项目。

▲ SR-71第935号机机身下白色导弹形状的物体是一个装有液氮的钢筒,外套陶瓷壳体,该钢筒在所谓的"冷壁"传热试验中因飞行冲击而粉碎(美国国家航空航天局提供)。

▲ 61-17956号SR-71B(NASA 831)从爱德华空军基地起飞升空。该机于1991年7月1日在美国国家航空航天局进行了首次功能检查飞行,当时前舱飞行员是史蒂夫·以赛玛利,后舱是罗德·迪克曼(美国国家航空航天局提供)。

▲ 20世纪90年代的美国国家航空航天局试飞团队,从上至下依次为罗杰斯·施密德、艾德·施奈德、鲍勃·迈耶、玛尔塔·博恩迈耶(美国国家航空航天局提供)。

▲ 在1991年10月29日的一次飞行中,罗杰斯·史密斯轻松地驾驶着NASA 831号机脱离KC-135的加油锥套,后舱为玛尔塔·博恩迈耶(美国国家航空航天局提供)。

▲ NASA 844号机（61-17980号SR-71A）于1992年9月24日完成了美国国家航空航天局的首次飞行。如图所示，该机之后被用作母机安装线性气塞式发动机（美国国家航空航天局提供）。

附录Ⅳ "凯德洛克"项目

凯利·约翰逊早期为美国中央情报局研制的A-12飞机取得了成功。受此鼓舞，在1960年3月16—17日召开的一次会议上，凯利·约翰逊与美国空军系统司令部的哈尔·埃斯特斯将军和主管研发的空军部长考兰特·帕金斯博士探讨了在A-12的基础上为美国空军研制一型远程截击机的可能性，代号为AF-12。两位美国空军高层对此提议表现出浓厚的兴趣，并转由莱特·帕特森空军基地的马丁·戴姆勒将军就此进行进一步讨论和分析。1960年10月下旬，洛克希德公司收到一份价值100万美元的意向书，指示其"按3A计划进行"，研制一型配装休斯公司ASG-18火控系统和GAR-9导弹的A-12截击机改型。其中，雷达和导弹系统在北美航空工业公司F-108"轻剑"项目中已完成研发，后来"轻剑"项目因成本攀升于1959年9月23日终止。A-12截击机项目的保密代号命名为"凯德洛克"，并将第7架A-12飞机指定为AF-12的原型机。

与M-21类似，改装后的A-12飞机增加了一个后座舱，供火控系统操作员使用。同时还对前机身边条进行了缩减，用于安装可容纳直径为40 in（约1 m）扫描天线的天线罩。前机身下方增加了四个武器舱，其中右前方武器舱用于安装火控系统设备,其他三个武器舱可各挂载一枚GAR-9导弹。然而在6月,风洞试验发现这些更改会导致航向稳定性问题。为解决这一问题,设计团队在两个发动机短舱下方各增加了一个固定腹鳍,并在后机身下方中线处增加了一个大型侧向折叠式腹鳍,随起落架收放而运动,即起落架收起时腹鳍展开,起落架放下时腹鳍折叠。

在进行AF-12研发的同时,洛克希德公司还对A-12双座轰炸机改型(编号为RB-12)展开了研究,并完成了前机身全尺寸样机的制造。1961年7月5日,柯蒂斯·勒梅将军和托马斯·鲍尔将军对此项目进行了评审。但由于牵扯多方利益,项目最终胎死腹中。

AF-12飞机总共生产了3架,于1963年8月7日由来自于51区的洛克希德公司试飞员吉姆·伊斯特汉完成原型机首飞。为了转移公众对美国中央情报局A-12秘密项目的关注,约翰逊总统于1964年2月29日在爱德华空军基地公布了"A-11"项目的存在。实际上,"A-11"

▲ 飞行员吉姆·伊斯特汉驾驶的 55-0665 号康维尔YB-58A高速飞机用于测试休斯公司的AN/ASG-18雷达和GAR-9导弹。注意其加长的机头,以及特制的武器吊舱中隐约可见的导弹(保罗·F.克里克莫尔提供)。

▲ 有人驾驶截击机改进型北美F-108"轻剑"取消后,其装配的武器系统后来被部署到YF-12A上(罗克韦尔国际公司提供)。

▲ 功能强大的AN/ASG-18及其巨大的天线,至今仍是在战斗机上安装过的最大的雷达之一。注意安装在座舱盖右下方的35 mm相机,其作用是记录飞行中仪表板的图像,以便进行飞行后任务评估和分析(休斯公司提供)。

是凯利故意编出来的一个幌子。如今，美国空军又将AF-12飞机正式命名为YF-12，进一步混淆了公众视听。

新型截击机的试飞工作在爱德华空军基地快速持续推进，并在1964年4月16日的飞行中发射了第一枚导弹，也就是现在所称的AIM-47导弹。1965年3月18日—1966年9月21日期间，三架YF-12飞机总共发射了7枚AIM-47导弹。最终任务（代号G-20）由编号为60-6936的YF-12飞机完成，在74 000 ft高度以3.2马赫的速度巡航时，成功拦截到在海平面高度飞行的QB-47遥控无人靶机！

按照空天防御司令部人员计算，96架F-12B批产飞机即可完全替换整个F-102和F-106截击机机队，保护美国领土免受苏联低空高速轰炸机的打击，但这一设想并未实现。相反，出于政治考量以及与美国空军在国防军费使用问题上的长期不和，时任国防部长罗伯特·麦克纳马拉否决了国会已经划拨的用于F-12B批产的9 000万美元经费。

▲ 在这张早期空中拍摄的YF-12A原型机照片中，机翼下方吊舱清晰可见，吊舱中放置的相机用于记录导弹分离试验（洛克希德公司提供）。

麦克纳马拉的拖延战术最终奏效，臭鼬工厂于1968年1月5日收到美国空军关于关闭F-12B生产线的正式通知。为了彻底扼杀3马赫飞机批产的念想，美国空军又于1968年2月5日向凯利发出信函，要求洛克希德公司销毁A-12/F-12的所有工装，包括SR-71生产所用的工装。在随后的回信中，凯

▲ YF-12A原型机从爱德华空军基地起飞升空。注意该机的相机吊舱以及左尾翼上的"空天防御司令部"标志。起落架收起时，腹鳍展开（洛克希德公司提供）。

利写道:"我们已按照要求将那些生产备件所用的工具封存在了诺顿,大型夹具已被切割为废品,目前正在对场地进行全面清理。10年之后,美国将为停产3马赫系列飞机的决定感到非常懊悔。"

▲ YF-12A设计用于挂载三枚818 lb(约371 kg)的GAR-9或AIM-47导弹。注意在60-6936号机的座舱下就有三个白色的导弹攻击标志(洛克希德公司提供)。

▲ 将折叠的腹鳍打开后,"黑鸟"934号机在爱德华空军基地做了一个低空快速通场,注意在其右鳍上的"美国空军系统司令部"标志(洛克希德公司提供)。

附录V "黑盾"行动

A-12"黑盾"行动

日期	任务	目标	飞行员	飞机编号	航时	高度/ft
1967年5月31日	BSX001	越南民主共和国	沃伊伏蒂奇	131	3 h 55 min	80 000
1967年6月10日	BSX003	越南民主共和国	威克斯	131	4 h 58 min	82 000
1967年6月20日	BX6705	越南民主共和国	莱顿	127	4 h 58 min	82 000
1967年6月30日	BX6706	越南民主共和国	威克斯	129	4 h 58 min	82 000
1967年7月13日	BX6708	越南民主共和国	柯林斯	127	3 h 40 min	82 100
1967年7月19日	BX6709	越南民主共和国	沙利文	131	4 h 58 min	82 000
1967年7月20日	BX6710	越南民主共和国	柯林斯	129	4 h 55 min	82 450
1967年8月21日	BX6716	越南民主共和国	沃伊伏蒂奇	131	4 h 58 min	82 000
1967年8月31日	BX6718	越南民主共和国	莱顿	127	5 h 12 min	81 000
1967年9月16日	BX6722	越南民主共和国	威克斯	129	4 h 1 min	80 000
1967年9月17日	BX6723	越南民主共和国	柯林斯	131	4 h	81 000
1967年10月4日	BX6725	越南民主共和国	柯林斯	127	4 h 9 min	81 000
1967年10月6日	BX6727	越南民主共和国	穆雷	131	2 h 20 min	81 000
1967年10月15日	BX6728	越南民主共和国	柯林斯	131	3 h 41 min	81 000
1967年10月18日	BX6729	越南民主共和国	穆雷	129	4 h 1 min	81 000
1967年10月28日	BX6732	越南民主共和国	沙利文	131	3 h 49 min	83 500
1967年10月29日	BX6733	越南民主共和国	穆雷	127	3 h 56 min	82 000
1967年10月30日	BX6734	越南民主共和国	沙利文	129	3 h 44 min	85 000
1967年12月8日	BX6737	柬埔寨/老挝	沃伊伏蒂奇	131	3 h 59 min	82 500
1967年12月10日	BX6738	柬埔寨/老挝	莱顿	131	3 h 51 min	81 000
1967年12月15日	BX6739	越南民主共和国	沃伊伏蒂奇	127	4 h 9 min	86 000
1967年12月16日	BX6740	越南民主共和国	莱顿	131	3 h 56 min	86 200
1968年1月4日	BX6842	越南民主共和国	莱顿	127	3 h 57 min	85 100
1968年1月5日	BX6843	越南民主共和国	威克斯	131	4 h 9 min	86 000
1968年1月26日	BX6847	朝鲜	威克斯	131	4 h	83 500
1968年2月16日	BX6851	越南民主共和国	柯林斯	127	3 h 54 min	85 600
1968年2月19日	BX6853	朝鲜	穆雷	127	3 h 39 min	83 500
1968年3月8日	BX6856	越南民主共和国	沃伊伏蒂奇	127	4 h 1 min	85 500
1968年5月6日	BX6858	朝鲜	莱顿	127	3 h 30 min	84 700

此前在采访A-12"牛车"飞行员时,作者曾提到飞机从行动第一天开始就被越南民主共和国的SA-2跟踪并实施打击。但是,近年解密的美国中央情报局文件显示这一说法是有误的。这些文件清楚地表明,敌方雷达第一次成功跟踪A-12飞机是在1967年6月20日BX6705任务过程中。同时,文件还表明,越南民主共和国第一次对A-12飞机发射SA-2导弹是在4个月以后的10月28日。当时是飞行员丹尼斯·沙利文第二次飞过越南民主共和国,自西向东飞至河内上空时,越南民主共和国发射了一枚导弹,但时机过晚,未能击中A-12飞机,然而A-12飞机的侦察相机仍然捕捉到了导弹发射过程。

　　第二次遭遇导弹是在两天以后的BX6734任务过程中,飞行员还是丹尼斯·沙利文。在第一次自西向东穿过越南民主共和国上空飞行时,机上传感器在海防和河内之间检测到两个SA-2导弹阵地正在准备用导弹攻击A-12"牛车",结果对方并未发射导弹。但当驾驶飞机自东向西飞行进行第二次穿越时,在之前同一区域,遭受了越南民主共和国首都附近多个导弹阵地至少6枚导弹的攻击。飞行员报告说,通过后视潜望镜观察到飞机后面有6条导弹凝结尾迹,爬升高度约为90 000 ft,然后在空中划出一道道弧线直奔A-12飞机而来。此外,还观察到其中一枚导弹离飞机只有100~200 yd(1 yd≈0.914 4 m),在每1.8 s 1 mile的飞行速度下,这个距离的确是太近了,机上人员还目睹了3枚导弹在飞机后方爆炸。1型相机胶卷也捕捉到了6枚导弹的凝结尾迹。飞行后检查发现飞机翼身整流罩上有一小块导弹碎片。

　　越南民主共和国的导弹攻击迫使中央情报总监理查德·赫尔姆斯不得不下令暂停"黑盾"行动,直到12月8日和10日针对柬埔寨和老挝的BX6737和BX6738任务之后,才恢复针对越南民主共和国的穿越飞行任务。为了降低飞机被SA-2跟踪的风险,任务规划员对航路进行了重新规划,将原来的东西方向航路改为南北方向航路。接下来的两次任务BX6739和BX6740都严格按照更改后的航路飞行,均未受到越南民主共和国SA-2导弹攻击。然而,1968年1月4日,杰克·莱顿在执行BX6842任务过程中,重新回到了之前的东西方向航路上,在其第二次飞越越南民主共和国上空时遭到一枚SA-2导弹的攻击。这枚导弹是在"扇歌"导弹控制雷达处于低脉冲重复频率(Pulse Repetition Frequency,PRF)的情况下发射的,此事意义重大,因为这是首次使用"扇歌"雷达在低脉冲重复频率模式下获得的信息来成功制导苏制SA-2导弹。随后,

A-12飞机的电子对抗设备"疯蛾"及"蓝狗"启动工作,因而导弹未能击中飞机。

在1990年"黑鸟"退役的时候,部分洛克希德公司的高层人员宣称,"黑鸟"家族(包括A-12和SR-71)在其职业生涯中共遭遇了上百次SA-2导弹的攻击,但最近解密的文件表明这种说法实在是夸大其词了。

"黑盾"行动所携带的标准相机设备为珀金·埃尔默1型相机。此外,所有三架参与"黑盾"行动的A-12飞机均配装了专用的"观鸟者"监控系统。飞机配备的标准电子对抗设备为"夹子""疯蛾""蓝狗Ⅱ"和"蓝狗Ⅵ",在一些情况下也会携带"大爆炸"设备。"黑盾"行动的主要空中加油航路代号为"深耕"和"珍珠镜",其中"深耕"用于飞机从嘉手纳基地起飞后加至满油,而"珍珠镜"则位于泰国上空。所有"黑盾"任务均安排在当地时间傍午抵达指定的侦察区域。

▲ 朝鲜黄池空军基地。注意图中顶部长长的滑行道消失在机库区域,并切入到岩壁里。通过照片判读认为总共有不少于50架米格-15或米格-17("壁画"/"柴捆")和一架雅克-11("麋鹿")(美国国家档案馆蒂姆·布朗提供)。

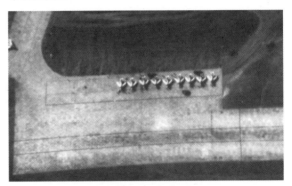

▲ 黄池空军基地停机坪上的9架米格飞机的近照,作为44年前由在83 000 ft(约25 315 m)高度、3.2马赫速度飞行的平台拍摄的照片算是不错了(美国国家档案馆蒂姆·布朗提供)。

▲ BX6847任务的目的是定位被捕获的美国海军"普韦布洛"号信号情报船(美国国家档案馆蒂姆·布朗提供)。

附录Ⅵ　SR-71与A-12的"归宿"

A-12飞机尾号	生产编号	备注
60-6924	121	原型机，现于内华达州棕榈谷的空军博物馆展出
60-6925	122	在纽约"无畏"号航空母舰上展出
60-6926	123	1963年5月24日坠毁，飞行员肯·柯林斯生还
60-6927	124	在洛杉矶加利福尼亚科技博物馆展出
60-6928	125	1967年1月5日坠毁，飞行员沃尔特·雷丧生
60-6929	126	1967年12月28日坠毁，飞行员米尔·沃伊伏蒂奇生还
60-6930	127	在亚拉巴马州亨茨维尔太空与火箭博物馆展出
60-6931	128	在弗吉尼亚州兰利美国中央情报局总部展出
60-6932	129	1968年6月5日坠毁，飞行员杰克·威克斯丧生
60-6933	130	在加利福尼亚州圣迭戈航空航天博物馆展出
60-6837	131	在亚拉巴马州伯明翰空军博物馆展出
60-6938	132	在亚拉巴马州莫比尔"亚拉巴马"号航空母舰上展出
60-6939	133	1964年7月9日坠毁，飞行员比尔·帕克生还
60-6940	134	改装为M-21，用于运载D-21无人机，在华盛顿州西雅图飞行博物馆展出
60-6941	135	改装为M-21，用于运载D-21无人机，1966年7月30日坠毁，飞行员比尔·帕克生还，发射控制员雷·托利克丧生

YF-12A飞机尾号	生产编号	备注
60-6934	1001	改装为SR-71教练机，被称为SR-71C并重新编号为61-17981，现于犹他州希尔空军基地展出
60-6935	1002	在俄亥俄州代顿莱特·帕特森空军博物馆展出
60-6936	1003	1971年7月24日坠毁，飞行员杰克·莱顿和火控系统操作员比尔·柯蒂斯均生还

SR-71飞机尾号	生产编号	备注
61-17950	2001	1967年1月10日坠毁，飞行员阿特·彼得森生还
61-17951	2002	在亚利桑那州图森皮马博物馆展出
61-17952	2003	1966年1月25日坠毁，飞行员比尔·韦弗生还，侦察系统操作员吉姆·茨维尔丧生
61-17953	2004	1969年12月18日坠毁，飞行员乔·罗杰斯和侦察系统操作员加里·海德堡均生还

续表

SR-71飞机尾号	生产编号	备注
61-17954	2005	1969年4月11日坠毁，飞行员比尔·斯克里亚尔和侦察系统操作员诺埃尔·沃纳均生还
61-17955	2006	在加利福尼亚州爱德华空军基地试飞中心博物馆展出
61-17956	2007	SR-71B，在加利福尼亚州爱德华空军基地美国空军博物馆展出
61-17957	2008	SR-71B，1968年1月11日坠毁，飞行教官罗伯特·索尔斯和飞行学员戴夫·弗吕霍夫均生还
61-17958	2009	在佐治亚州沃纳·罗宾斯空军基地博物馆展出
61-17959	2010	在佛罗里达州埃格林空军基地展出
61-17960	2011	在加利福尼亚州卡索空军基地展出
61-17961	2012	在堪萨斯州哈钦森堪萨斯宇宙空间中心展出
61-17962	2013	在英国达克斯福德帝国战争博物馆展出
61-17963	2014	在加利福尼亚州比尔空军基地展出
61-17964	2015	在内布拉斯加州奥马哈战略空军司令部博物馆展出
61-17965	2016	1967年10月25日坠毁，飞行员罗伊·圣马丁和侦察系统操作员约翰·卡诺坎均生还
61-17966	2017	1967年4月13日坠毁，飞行员厄尔·布恩和侦察系统操作员布奇·谢菲尔德均生还
61-17967	2018	在路易斯安那州巴克斯代尔空军基地博物馆展出
61-17968	2019	在弗吉尼亚州里士满航空博物馆展出
61-17969	2020	1970年5月10日坠毁，飞行员威利·劳森和侦察系统操作员吉尔·马丁内斯均生还
61-17970	2021	1970年6月17日坠毁，飞行员巴蒂·布朗和侦察系统操作员莫特·贾维斯均生还
61-17971	2022	在加利福尼亚州爱德华空军基地展出
61-17972	2023	在首都华盛顿史密森尼航空航天博物馆展出
61-17973	2024	在加利福尼亚州棕榈谷"黑鸟"航空公园展出
61-17974	2025	1989年4月21日坠毁，飞行员丹·豪斯和侦察系统操作员布莱尔·博泽克均生还
61-17975	2026	在加利福尼亚州马奇空军基地博物馆展出
61-17976	2027	在俄亥俄州代顿莱特·帕特森空军基地空军博物馆展出
61-17977	2028	1968年10月10日坠毁，飞行员亚伯·卡东和侦察系统操作员吉姆·柯格勒均生还
61-17978	2029	1972年7月20日坠毁，飞行员丹尼·布什和侦察系统操作员吉米·法格均生还
61-17979	2030	在得克萨斯州拉克兰空军基地历史传统博物馆展出
61-17980	2031	在加利福尼亚爱德华空军基地美国国家航空航天局德莱顿试飞中心展出
60-17981	2000	称为SR-71C，教练机改型，在犹他州希尔空军基地博物馆展出

洛克希德SR-71"黑鸟"完全手册

▲ 11架SR-71飞机集中停放在比尔空军基地,拍下最后告别的合影(洛克希德公司提供)。

术 语 表

英文简称	英文全称	中文释义
AB	Air Base	空军基地
AC bay	Air Conditioning bay	空调舱
ADS	Accessory Drive System / Air Data System	附件驱动系统/大气数据系统
AF	Air Force	美国空军
AFB	Air Force Base	美国空军基地
AFCS	Automatic Flight Control System	自动飞行控制系统
AICS	Air Inlet Control System	进气道控制系统
AINS	Astro Inertial Navigation System	天文惯性导航系统
APW	Automatic Pitch Warning	自动俯仰告警
AR	Air Refuelling	空中加油
ARCP	Air Refuelling Control Point	空中加油控制点
ASARS	Advanced Synthetic Aperture Radar System	先进合成孔径雷达系统
BDA	Bomb Damage Assessment	轰炸效果评估
BIT	Built-In Test	自检
BoB	Bureau of the Budget	预算局
CEP	Circular Error of Probability	圆概率误差
CG	Centre of Gravity	重心
CIA	Central Intelligence Agency	美国中央情报局
CIS	Chemical Ignition System	化学点火系统
CIT	Compressor Inlet Temperature	压气机进气温度
CP	Control Point	控制点
DAFICS	Digital Automatic Flight and Inlet Control System	数字式自动飞行与进气道控制系统
DCI	Director of Central Intelligence	中央情报总监
DMZ	Demilitarised Zone	非军事区
DO	Director of flight Operations	飞行作战主任
DP	Destination Point	目标点
EAR	End Air Refuelling	空中加油终止点
E bay	Electrical bay	电气舱
ECM	Electronic Countermeasures	电子对抗
ECS	Environmental Control System	环控系统
EGT	Exhaust Gas Temperature	排气温度
ELINT	Electronic Intelligence	电子情报

续表

英文简称	英文全称	中文释义
EMR	Electromagnetic Reconnaissance system	电磁侦察系统
FCF	Functional Check Flight	功能检飞
FCO	Fire Control Officer	火控系统操作员
FP	Fixpoint	固定点
FS	Fuselage Station	机身站位
Giant Scale	SR-17 operational sortie	"巨鳞"（SR-71作战飞行架次）
HRR	High-Resolution Radar	高分辨率雷达
IGV	Inlet Guide Vane	进口导流叶片
INS	Inertial Navigation System	惯性导航系统
ISA	International Standard Atmosphere	国际标准大气
JCS	Joint Chiefs of Staff	参谋长联席会议
JSC	Joint Services Committee	三军联合委员会
KEAS	Knot Equivalent Air Speed	节当量空速
LCO	Launch Control Officer	发射控制员
LN2	Liquid Nitrogen	液氮
nm	nautical mile	海里
NS	Nacelle Station	发动机舱站位
OBC	Optical Bar Camera	光学全景相机
OOC	Operational Objective Camera	作战目标相机
PARPRO	Peacetime Aerial Reconnaissance Programme	平时空中侦察项目
PHOTINT	Photographic Intelligence	图像情报
PI	Photo Interpreter	照片分析员
RADINT	Radar Intelligence	雷达情报
RAM	Radar Absorbent Materials	雷达吸波材料
R bay	Radio bay	无线电舱
RCS	Radar Cross-Section	雷达散射截面积
RS	Radar Station	雷达站位
RSO	Reconnaissance Systems Officer	侦察系统操作员
SAC	Strategic Air Command	战略空军司令部
SAM	Surface-to-Air Missile	地对空导弹
SAS	Stability Augmentation System	增稳系统
SIGINT	Signals Intelligence	信号情报
SIOP	Single Integrated Operational Plan	统一作战行动计划
Skunk Works	Classified manufacturing facility at Burbank, California	"臭鼬工厂"（位于加利福尼亚州伯班克的秘密工厂）

续表

英文简称	英文全称	中文释义
SLAR	Sideways Looking Airborne Radar	机载侧视雷达
SOA	Special Operations Area	特种作战区
SRC	Strategic Reconnaissance Centre	战略侦察中心
SRS	Strategic Reconnaissance Squadron	战略侦察中队
SRW	Strategic Reconnaissance Wing	战略侦察联队
SW	Strategic Wing	战略飞行联队
TAS	True Air Speed	真空速
TDY	Temporary Duty	临时部署
TEB	Triethylborane	三乙基硼烷
TEOC	Technical Objective Camera	技术目标相机
TROC	Terrain Objective Camera	地形目标相机
Unstart	Sudden pressure change in an inlet resulting in loss of normal shock wave control	"不启动"（进气道内压力突变导致正激波失控）
USAFE	United States Air Forces Europe	美国驻欧洲空军
WSO	Weapons Systems Officer	武器系统操作员